青岛市"益民书屋"
适用图书系列读本之二十

简明海洋文化普及读本

青岛市"益民书屋"适用图书系列读本编委会 编

中国海洋大学出版社
CHINA OCEAN UNIVERSITY PRESS

青岛出版社
QINGDAO
PUBLISHING HOUSE

图书在版编目（CIP）数据

简明海洋文化普及读本／殷庆威，杨立敏主编．—青岛：
中国海洋大学出版社，2012. 11（2019.4重印）

ISBN 978-7-5670-0166-4

Ⅰ．①简… Ⅱ．①殷… ②杨… Ⅲ．①海洋—文化—普及读物
Ⅳ．① P7-49

中国版本图书馆 CIP 数据核字（2012）第 282563 号

出版发行	中国海洋大学出版社		
社　　址	青岛市香港东路 23 号	邮政编码 266071	
出 版 人	杨立敏		
网　　址	http://www. ouc-press. com		
电子信箱	youyuanchun67@163.com		
订购电话	0532 - 82032573（传真）		
责任编辑	邓志科	电　　话 0532 - 85902349	
印　　制	三河市腾飞印务有限公司		
版　　次	2012 年 11 月第 1 版		
印　　次	2019 年 4 月第 6 次印刷		
成品尺寸	170 mm × 240 mm		
印　　张	13		
字　　数	300 千字		
定　　价	32.00 元		

丛书编委会

主 任 胡绍军

副 主 任 栾 新 王纪刚 孟鸣飞

编 委 殷庆威 杜云烟 杨立敏

       高继民

执行编委 陈林祥 许红炜 沈继红

       孙朝旭 刘海波 王 伟（市文广新局）

       姜 楠 单保童

本书主编 殷庆威 杨立敏

前　言

　　海潮涌动，传递着大海心底最深沉的呼唤；人海相依，演绎着人与海洋最炽热的情感；慢慢走过的岁月，仿佛是船儿在海面经过的划痕，转瞬间成为永恒。这里既有海洋的无限馈赠，更有人类铸就的恢弘而深远、博大而深邃的海洋文化。

　　在唱响蓝色经济的今天，为了引导读者更好地认识和了解海洋、增强利用和保护海洋的意识，以海洋类图书为出版特色的中国海洋大学出版社，依托中国海洋大学的学科优势和人才优势，于2012年倾力打造并推出了"人文海洋普及丛书"，丛书共6个分册，以古往今来国内外体现人文海洋主题的研究成果和翔实资料为基础，多视角、多层次、全方位地介绍了海洋文化各领域的基础知识和经典案例及轶闻秩事。丛书出版后，引起了社会各界的强烈反响，得到了广大读者朋友们的喜爱和好评。

　　为了让广大的农民朋友们能够便捷地一览丛书的精彩，更好地了解丛书所包含的丰富内容，加大海洋文化知识普及的范围和群体，让更多的人们认识和了解海洋文化，我们精心挑选了丛书中的精彩内容，汇编成本书，以期做到一卷在手，遍览丛书精华。全书共分六大部分，第一部分"海洋文学篇"，带你走进中午写满大海的书屋，倾听作者笔下的海之思、海之诉；第二部分"海洋艺术篇"，带你穿越艺术的历史长廊，领略海之韵、海之情；第三部分"海洋探索篇"，引你搭乘探险考察之船，体验人类在海洋探索过程中的每一次心跳；第四部分"青岛民俗篇"，带你走进青岛民间，走进青岛海边百姓，一睹万种风情的帆船之都；第五部分"海洋旅游篇"，为你呈现大海的旖旎风光，而海洋文化价值的深度挖掘更会令你把每一处风景铭刻在心；第六部分"海洋美食篇"，让你在领略海味之美的同时了解它们背后的文化故事……

当然，在汇编过程中，由于时间仓促，加上篇幅有限，难免会有遗憾。但我们衷心希望《简明海洋文化普及读本》能成为连接读者和海洋的知识桥梁，读者能够通过本书快捷地了解海洋文化，感受海洋的魅力。

我们真诚地希望广大农民朋友，通过阅读本书，能进一步了解海洋文化、掌握海洋知识、提高热爱海洋的觉悟，能对海洋有更加深刻的认识，对海洋有更加炽热的爱！

青岛市"益民书屋"适用图书系列读本编委会
2012 年 9 月

目　录

第一部分　海洋文学篇

　　海上仙山的美丽传说,神秘莫测;诗词歌赋的沧浪之音,慷慨激昂;追风逐浪的历险小说,扣人心弦。这些因大海而生的文字和歌谣,吟唱着海浪、青春与时光……

一、中国海洋文学

　　走进古老的华夏,感受海洋的气息。
　　远古神话中,精卫填海的美丽传说流传至今;
　　先秦诸子,孔孟愿乘桴浮于海,老庄欲任性而逍遥;
　　汉唐风采,一展诗人的海洋情怀;
　　宋元魅力,再现民间的沧浪之音;
　　踏入明清的海洋世界,斑驳的景象让人流连忘返;
　　如今让我们扬帆起航,共同感受海洋文学迷人的蔚蓝……

1. 古代海洋神话传说

　　远古时代,人们认为中国四周都是海洋,各方大海都有一名海神主宰,太阳每天东升西落之后会到一个名叫"咸池"的海域沐浴;茫茫大海之上还有众多仙山,上面居住着各种奇异的神灵……面对浩瀚无际、变幻莫测的海洋,先民们想象出各种主宰的神灵来护佑自己,创造出许多海洋神话传说世代流传。穿梭于这些海洋神话传说中,我们惊叹于先民们的思想光辉与想象力,其中体现出的包容、宽厚、兼容并蓄的博大精神渗透着海洋气息,滋养了中华文明,也构成了中华民族的精神内核。

2. 孔孟、老庄眼中的大海与人生

先秦中华文化的轴心时代，是一个需要巨人也产生了巨人的时代。这一时期的中国文学，文史哲不分，诗乐舞相连，百家争鸣，形成的文化传统奠定了数千年来中华文化的思想基础，成为中华文化宝贵的精神财富。尤其是儒、道两家的思想，影响着后世人们的世界观、人生观和价值观。哲人们注重以宇宙自然万物表征社会人生哲理，体现了当时人们主体意识的觉醒。

相较于西方的海洋文明，我国以内陆文明为主，文化观念较为保守和单一。先人们对于中原之外的四海之滨，更多的是文学性想象。在大海与人生关系的探讨上，孔孟更多关注其社会性。当政治理想无法实现时，大海是他们暂时获得精神寄托的世外桃源。而在主张道法自然的老庄看来，大海是自然的一部分，与宇宙自成一体。他们看重的是川谷江海容纳万物、包容大度的自然属性，一心想成为退而闲游、任意去留的江海之士。在他们那里，"天人合一"，人与海洋、人与自然和谐相处，从江海之水中获得灵性的洗礼和自然滋养。这也成为我国古代海洋文学最重要的精神要义之一。

孔孟：隐居求其志

孔子的一生，用他自己的一句话来评价就是，"知其不可而为之"。但是在他遭贬损、被拒斥、遇谗言、陷于绝境的时候，大海成为他心中最后的归宿——"道不行，乘桴浮于海。"他明白，自己的政治主张已然无法实现，被采纳的机会是那么渺茫，还不如乘着木排去海外告别纷扰，过自己的生活。可是大海啊，你那里也许是理想的圣地，也许有神灵居住，有仙女歌唱，但是对于一个怀抱着理想的思想者来说，你只是一剂慰藉痛苦的止痛药，疼痛减轻之后，属于人间的勇士还是要继续在这荒芜的人间寻找理想的所在。

和孔子一样，孟子眼中的北海、东海等世外桃

孔 子

源,也是他逃避浊乱现世的避风港。大海同社会人生联系在了一起。但作为孔子学说的传人,孟子睿智聪慧,也将大海作为自己汲取人生哲理的源泉。

孔孟眼中的大海,是肩负着社会责任的思想者的心灵之海,是他们精神上的栖息之地和灵魂家园。他们坚持着自己的理想,犹如飞蛾扑火,执著勇往。孔子也曾想过乘桴浮于自己的心灵之海,远离现实纷扰,但是他放不下;于孟子而言,大海令他更为理性,懂得了博大、踏实,懂得了刚柔并济、顺势而为,他在寻找一种

孟 子

刚柔并济、进退自如的方法,平衡理想与现实的矛盾。是进还是退,是辗转于庙堂间还是乘桴浮于海,这是以天下为己任的知识分子都无法回避的问题。晚年的孔孟,回顾自己几十年的宦海沉浮、颠沛流离和失意落魄,也许想到要退回自己的内心——隐而不仕,但到生命的最后一刻,他们做的都是一个知其不可而为之的勇士。因此,虽然他们说要隐居,但其实也时刻渴望与准备重新出发。就这样,大海开启了中国知识分子精神世界的矛盾,仕与隐的纠结成为后世文学的一个重要主题。

老庄:逍遥天地间

老 子

在老子眼中,大海博大精深,有着深不可测的一面,有着本真的一面,也有着清净内敛的一面。他曾言,"澹兮其若海","大国者下流"。这里的江海意喻修道之人当静如深海、包容万物,只有这样内敛不争、谦下任顺的品德,才能够体悟大道。在庄子的世界里,则充满了逍遥天地间的自在。在《逍遥游》中,庄子塑造了能彻底解脱现实烦恼、真正做到自由自在的海中鲲鹏形象,其

生命的开阔大气、磅礴之力清晰可见，成为任性自然的象征；其扶摇直上九万里的形象被后世看做壮志凌云、气势磅礴的象征，具有积极向上的进取精神。

3. 诗词歌赋中的沧浪之音

秦汉王朝实现了中国空前的大一统，无论是人们的精神面貌还是文学创作，都有一种昂扬的气势和英雄的气概。诸多写海的文赋辞藻瑰丽、汪洋恣肆，穷极大海之声貌，而其中最具代表性的就是枚乘的《七发》，作品用华丽铺陈、气势磅礴的语言描绘了潮涛的雄浑气势与壮观景象。大唐盛世，社会、经济、文化空前繁荣，朝廷的开放政策与发达的海上交通让人们得以与海外频繁交流，也使唐代海洋文学拥有了包罗万象、雄视寰宇的气魄。这个时期的海洋诗歌高度成熟，众多歌颂海洋的名篇佳句熠熠生辉——"海上生明月，天涯共此时"千古传颂，"春江潮水连海平，海上明月共潮生"更成为月夜海景的经典写真。宋代社会的商业发展达到历史高峰，沿海地区得到进一步开发，海上贸易活动更加频繁。海洋文学作品或状写海景，或描绘涉海生活的艰难，不仅在题材上进一步创新，内容上还融入了对人与海洋关系的思考，流露出浓厚的生活气息。

李杜的诗海泛舟和白居易的沧海桑田

群星灿烂的盛唐时代，最耀眼的当属诗仙李白。他从小博览群书，一生"好入名山游"，足迹遍布祖国的大江南北。他以青山为笔、绿水为墨、美酒为魂，用浪漫的言语书写着独特的人生传奇。他的壮志豪情、超迈气魄全部融入了那些俊逸飞扬、雄浑壮美的诗篇中。李白对大海可谓情有独钟。在他的海洋诗歌中，我们常常能够聆听到海浪的鼓荡之声，可以随他一起仙游海上蓬莱。他用珍珠般的语言，或直接描绘海洋盛景，或援引海洋典故，或抒愤感怀，

李　白

借瀚海以言志,感情丰富,内容多样,大大丰富了唐代海洋诗歌的内容。

杜甫

　　和"诗仙"李白一样"欲浮江海去"的还有一代"诗圣"——杜甫。杜甫的诗歌,笔力雄健、气象阔大,多有高山大海的意象、忧国忧民的真情。他很少有整篇描绘海洋的诗作,却常引用海洋景象抒情言志,这些涉海诗句能更好地帮助人们理解杜甫的高尚品格。历经宦海沉浮、人世沧桑之后的杜甫,内心早已千疮百孔,他需要给自己找一片疗伤的净地,于是他想到了大海:"平生江海心,宿昔具扁舟",想泛舟浮于海上,做一个脱尘出世的"野老",由此可见诗人在逆境中对高尚品格的追求和坚守。可当他浮于海上,忘不了的仍然是故国民生,于是发出了"余力浮于海,端忧问彼苍。百年从万事,故国耿难忘"的雄浑之语。

　　白居易为人乐天知命,在生活中体悟出"人生不满百"是因为"不得长欢乐"的缘故。他认为,生命的延长在于现实中不贪恋富贵名利。他曾官居刑部侍郎,在还不到 60 岁时,辞职归田。这份乐观与豁达也使他得享高寿。古人形容岁月流转、世事变迁的时候常常会说沧海桑田。例如,白居易在他的《浪淘沙》中写道:

白居易

　　一泊沙来一泊去,一重浪灭一重生。
　　相搅相淘无歇日,会教山海一时平。
　　白浪茫茫与海连,平沙浩浩四无边。
　　暮去朝来淘不住,遂令东海变桑田。

　　诗中描写了浪沙相淘、日夜不息、终令东海变成桑田的景象,这在一定程度上也启示我们只有不断积累才能有质的变化,只有持之以恒、不懈努力,方能取得成功。

苏轼的潮海人生

苏轼一生宦游四海，饱览天下风光，写下了众多内容丰富、风格多样的诗词文赋。其中有很多以海洋为素材，或描摹大海风貌，或咏叹海洋神灵，或颂扬海洋风物，或借大海感悟人生。宋神宗熙宁四年（1071 年），苏轼因反对王安石变法受到排挤，主动要求外迁，到杭州任通判。第二年，借监考贡举的机会，苏轼登上望海楼，观赏了著名的钱塘海潮，感慨不已，遂作《望海楼晚景五绝》。其中第一首便描绘了一幅壮丽的海潮图：

苏 轼

> 海上潮头一线来，楼前只顾雪成堆。
>
> 从今潮上君须上，更看银山二十回。

面对著名的钱塘胜景，诗人居高望远，眼前潮水一线而来，汹涌成堆，潮头变幻，白浪叠加。潮情海景，仿在眼前。而苏轼的这份豁达与超越，与其历尽人生坎坷、饱经世事沧桑的经历是分不开的。面对浩瀚的海洋，诗人常融入自己的身世飘摇之感、仕宦不定之情与年老体衰之叹，使我们在翻腾的海浪之中得以感受他的潮海岁月。

《观沧海》与曹操的天地雄心

说起曹操，许多人都会认定他是阴狠狡诈的乱世枭雄，其实，历史上的曹操不但是一名杰出的政治家和军事家，还是一位文学家。他雅好诗文，常在行军途中博览群书，作品多有流传。曹诗深受乐府民歌的影响，常用乐府旧题旧调来表现新的内容，或反映当时的社会现实，或抒发个人的政治抱负，或表达自己的苦闷情怀。其诗作大都语言质朴，气魄雄伟，格调慷慨悲凉。后人将他与其子曹丕、曹植并称"三曹"，是建安文学的主要代表人物。

　　建安十二年（207年），曹操率军击溃乌丸，取得北方战争的决定性胜利，初步实现了他统一北方的愿望，为其南下征伐安定了后方。《观沧海》这首诗就是他在北征乌丸途中，行军经过碣石而作。曹操登临碣石，遥想当年秦皇汉武开一代基业，也都曾于此登高望海，加之秋风苍劲，观海而情溢于海，于是有了这篇不朽的诗作。

曹　操

　　品读此诗，曹操之沉雄气概与天地雄心真切可感。当年曹操荡尽残敌，一统北方，在山顶驻马远望，浩瀚缥缈的大海尽收眼底，水波摇荡，一座座海岛耸立在这片汪洋之中。远远望去，海岛上树木丛生，百草丰茂，一派生机盎然。霎时间，秋风萧瑟而至，在海上惊起滔天巨浪，这波澜壮阔的气势激发起曹操一统河山的雄心壮志。

　　诗人展开奇特的想象，写到日月星辰的运行变换，仿佛都是由这方沧海吞吐；整条灿烂的银河，仿佛在大海的胸中流淌。从中我们可以看出曹操意气风发、踌躇满志、立志统一国家的远大抱负和宽广胸襟，真可谓读诗如见其人。

4. 古代戏曲小说中的海洋文学明珠

　　元明清时期，工商业的发展与城市的繁荣使得市民阶层开始壮大，文学创作也更加面向现实，突出了个性与人欲，展现了时代的特征。这一时期的海洋文学得到了长足的发展，尤其是海洋戏曲和小说，因形式和内容通俗易懂，更贴近人们的日常生活，并融入人们对于海洋生活的真情实感和鲜明独特的时代特征，受到了市民阶层的欢迎。随着郑和下西洋壮举的实现，我国古代海洋文学再起高潮，创造了唐宋之后的又一个繁荣时代。

张生煮海

话说古代有位秀才，姓张名羽，表字伯腾，父母双亡，自幼读些诗书，尚未求得功名。一日，去海边闲游，见东海边上的石佛寺十分清幽，欲借此清静之地来温习经史，求取功名。一天夜里，颇感寂寥的张生弹琴散心，恰巧被出来闲游的东海龙王的三女儿琼莲听到并心生眷恋，二人互相爱慕遂私定终身，约定八月十五结为连理。谁料东海龙王却不答应这门婚事，将小龙女囚居龙宫。张生思念心切，便独自到海边寻访。可是大海渺茫，张生一介凡夫俗子怎能找到龙女呢？幸亏此时东华仙姑降临，传给张生煮海之术，并赠给他银锅、金钱和铁勺，让他煮沸海水，逼迫东海龙王招他为婿。张生得此法术遂在沙门岛上架锅扇火，煮得海水沸腾，火焰滚滚。龙王熬不过，只好请求石佛寺长老来与张生做媒，把龙女琼莲许配给张生，有情人终成眷属。

这就是元人李好古创作的著名元杂剧《沙门岛张生煮海》的故事。故事虽简短，却表现出了那个时代人们希望突破礼教而与顽固势力抗争的反封建思想。张生在沙门岛煮海，逼得龙王无法忍耐，反映了人类与自然抗争的力量和战胜自然的信心。

"八仙过海"

"八仙过海"的故事在民间早有流传。从汉代到明代，八仙的名字和故事虽有流传，但大都不固定，直到明人吴元泰创作了《东游记上洞八仙传》，"八仙"的名称和事迹才固定下来，并逐渐形成了我们今天所熟悉的八仙故事。据说当年李玄最先得道成仙，人称"铁拐李"，他先后度得汉钟离、吕洞宾成仙，而后又与吕洞宾一起将韩湘子

和曹国舅度为神仙。他们五
人与分别得道成仙的张果
老、蓝采和、何仙姑三人并称
"八仙"。一日，"八仙"受王
母邀请共赴蟠桃盛会，在归
途中众人来到东海岸边，见
潮头汹涌、巨浪滔天，吕洞宾
认为仙家乘云过海，显不出
自身的本事，便提议大家分

别将一物投入海中，各显神通乘此物渡海。于是，铁拐李将自己的铁
拐投入海中，乘风而去；汉钟离把拂尘置于海面，踏之而行；张果老以
纸驴投入海水中，骑驴而走；吕洞宾掷箫管于水中，立之而渡；韩湘子、
何仙姑、蓝采和、曹国舅则分别以花篮、竹罩、拍板、玉版投入水中而
渡。如是，"八仙过海"的故事就这样为人们所接受并流传开来。纵
观有关八仙的故事，无论是"八仙过海"，还是"火烧东洋"，抑或"推
山筑海"，都与海洋关系密切，可以说，这是由人们的涉海生活和对神
仙世界的向往而产生的。

《三宝太监西洋记通俗演义》

　　为扩大海外交流，向海外宣扬明朝国威，明朝永乐三年（1405年），
明成祖命郑和率领240多艘海船、27400名士兵和船员组成远航船队，
开始了第一次远洋航行。郑和船队从刘家港出发，穿越马六甲海峡，
横跨印度洋，直达非洲东海岸、波斯湾和红海地区，沿途访问了亚洲、
非洲的多个国家。而且从明永乐三年到宣德八年（1405～1433年），
郑和率船队先后七次远渡重洋，不仅展示了明朝前期强盛的国力，还
加强了同亚非多个国家的政治经济往来，促进了中华文明的传播。这
是我国古代历史上的一次伟大壮举，也证明了我国的远洋航行曾处于
世界领先地位。郑和下西洋不仅在政治、经济上给明朝带来了巨大的
影响，在文化上也大大开拓了国人的视野，为明代海洋文学提供了新
的素材和内容。《三宝太监西洋记通俗演义》就是明万历年间罗懋登

以郑和下西洋为题材创作的一部著名小说。小说生动描绘了郑和下西洋的壮举，虽是部文学作品，但仍从侧面反映出当年海上航行的景象：

　　宝船开去，沿海而行，每日风顺，行了一向，日上看太阳所行，夜来观星观斗，不见星斗，又有红纱灯指路，因此上昼夜不曾下篷。

　　由此可见，当时国人已经精通航海技术，懂得利用海洋水文和气象来行船。郑和船队昼夜行驶在茫茫大海之上，日观太阳，夜观星斗，如此来辨别方向保证航行。书中还穿插了神魔故事和奇闻异事，读来令人耳目一新。例如，"宝船厂鲁班助力　铁锚厂真人施能"一章，作者把近乎无法完成的宝船建造工程通过鲁班显灵来实现，反映出浓郁的民间气息和神话色彩。

《聊斋志异》中的"中国版鲁滨逊"

蒲松龄

　　"鬼狐有性格，笑骂成文章"，我们当然还记得那个曾在路旁设座摆茶，让往来行人歇脚解渴的蒲松龄。科场不顺的他一生贫困，只喜与人畅谈古今、搜奇寻异，长期搜集和积累的民间故事，经过巧妙安排和精心创作，写就了中国古代"短篇小说之王"——《聊斋志异》。蒲松龄喜爱鬼狐风流，对当时海外的奇闻异事自然也不会放过。《聊斋志异》中不少篇幅都有关于海上风物、海外趣闻、海岛历险的描写，包括海大鱼、海市见闻、凶残的"海公子"以及凶猛的夜叉等。其事虽古怪，但能比较全面地体现我国古代海洋小说的叙事形态。

《聊斋志异》中有很多出海经商的商人遇难来到异国荒岛，几经辗转而侥幸生还的故事。其中的《罗刹海市》比较有代表性。一个名叫马骥的商人身形俊朗，一次出海做生意时遇到了大风浪，落水之后辗转漂到了一个岛国。岛上的人全都面相丑陋并以丑为美。当人们见到长得英俊潇洒的马骥时，都以为他是会吃人的妖怪，纷纷躲避。于是，他来到了穷苦的乡下，却发现乡下人长得还有些人的模样。在这里，他才知道这个奇怪的国家叫"大罗刹国"。这里的人们美丑颠倒，人越丑越能做大官，不丑的就只能当贱民。一次偶然的机会，马骥用炭把自己的脸涂得像张飞一样黑，大家以为非常美，并劝说他以这样的脸面去拜见宰相必能得到重用，结果不仅宰相十分喜欢，还把他举荐给了大罗刹国的国王，并封他为下大夫。但时间一长，罗刹国的人们知道了马骥的脸其实是涂出来的，因而对他渐渐疏远，不愿与他再交往。马骥也感到十分尴尬，借机乘船离开了大罗刹国，来到另一个奇异之邦——"海市"。在这里，他没有像在大罗刹国那样仕途不顺，而是受到了很好的礼遇，并且坐到了驸马都尉的位子上，过着荣华富贵的日子。可是，长时间离开故土家园，马骥十分思念家乡亲人，最后还是舍弃了"海市"的荣耀，踏上了归程。

面对当时社会的虚假丑恶，蒲松龄不禁发出了"世情如鬼"的感慨。人们要想在那个时代生存下来，就必须以"花面逢迎"，违背自己的意愿与良知才行，而真正有才有德的人却不知去何处哭诉自己的苦闷与忧伤，也许只有去那虚无缥缈的海市蜃楼里才能寻得到荣华富贵吧！

5. 迷人的蔚蓝——中国现当代海洋文学

五四新文化运动之后，中国文学告别了古典时代，进入现代。这个时期海洋文学的最大特点就是以"人"为本。冰心是首个以海为题、书写大海的现代作家。她以清新淡雅的笔触，以孩童般纯洁的心讴歌着大海。在大海中，她寻找到了人生的主题——爱。

中国文学进入当代文学时期，"十年浩劫"使不断追问人生意义的海洋文学戛然而止。20世纪80年代，王蒙发表了知识分子的精神之歌

《海的梦》,邓刚发表了重塑"男子汉气概"的《迷人的大海》。两部作品洋溢着积极向上的精神和超越痛苦的努力,在大海的波涛中,在历史的废墟上,高唱知识分子的精神之歌,重塑自由、开拓、奋进的新时代精神。

胸中海岳梦中飞——冰心的海洋诗话

如果你要问,在 20 世纪中国文学史上,哪位作家与大海的关系最为亲密,我们最先想到的或许就是大海的女儿——冰心。冰心出生于福建福州,父亲曾是参加过甲午海战的名将。4 岁时,冰心随家人一起迁居到山东烟台,在辽阔而又宁静的大海边,度过了人生中重要的 8 年。大海的温柔与沉静、虚怀与广博在她的创作与人生中体现得淋漓尽致。1999 年冰心去世的时候,陪伴她离开的是用管弦乐器演奏出来的大海的波涛声和海鸥的鸣叫声,因为人们知道,她是海的女儿,大海是她最想回去的地方。

冰 心

冰心写下了许多以海为题的诗歌和散文,如《繁星》、《往事》、《说几句爱海的孩子气的话》等。《往事》是冰心为自己的 22 岁所画的生命图景,她画的第一个关于生命的圆就是大海。冰心搜寻着童年生活在烟台海边的痕迹:远立的灯塔,深远的波涛,马上看到的海边的黄昏,和弟弟们在大海边的谈话……这些有关大海的记忆在冰心那带着些许轻愁的笔下显得清淡如水。《往事》中的大海有静默凄暗,也有惊涛骇浪,但无论何时,冰心都对它饱含深情。以海为师是冰心《往事》的另一个主题。她表示,"我只希望我们都像海",做个"海化"的青年,胸怀广阔,目光遥远。冰心将对大海的热爱,渐渐转化为对生命的理性思考——这个爱海的孩子,这个海军将领的女儿,这个"海化"的诗人,自觉地将大海自由、广博的精魂转化为自身的力量。

无论是散文还是诗歌,冰心笔下的海都嗅不到粗犷、残忍、凶险的味道。也许真如梁实秋所说，"她憧憬的不是骇浪滔天的海水，不是浪迹天涯的海员生涯，而是在海滨沙滩上拾贝壳，在静静的海上看冰轮作涌"。冰心笔下的大海之所以宁静柔美，除去因为她身为女性，在情感上天然就带着细腻和温柔外，还与她对人生的理解有关。冰心成长于一个和美的家庭，父慈母爱，她自己也经历了中国社会从"五四"到新时期的变迁，无论身处何种环境，她都一直坚信"爱"是医治所有不幸的良药。她的爱化作海洋文学中的一股暖流，温暖了一个世纪的人们。

知识分子的精神之歌——王蒙的《海之梦》

《海的梦》发表于1980年第6期的《上海文学》，讲述了翻译学家缪可言在"平反"之后，前往少年时就向往的大海以圆自己多年来的梦想的故事。缪可言出生在内陆，远离大海，但是从小熟读外国文学的他，对大海有着一种莫名的崇拜，连年轻时最爱唱的两首歌也是关于大海的——

从前在我少年时
发未白气力壮
朝思暮想去航海
……
但海风使我忧
波浪使我愁
……
我的歌声飞过海洋
……

王　蒙

不怕狂风，不怕巨浪，
因为我们船上有着，
年轻勇敢的船长……

象征自由和浪漫的大海构成了他的青春和对爱情的想象，他总觉得自己焦渴的灵魂时刻被海洋召唤着。然而，"文革"阻断了他关于海的梦，他被冠以"特嫌"和"恶攻"的帽子，长期被关押、迫害，直到

52 岁才被"平反"。没有青春、没有爱情、没有家的缪可言"平反"之后在组织的关照下终于如愿去海边休养,见一见少年时代就向往的大海。然而当他面对大海时,他才感到人生的残酷,才意识到一生只有一次的青春被一个时代剥夺之后再也不可能重来的痛苦,他只能悲怆地喊道:

大海,我终于见到了你……经过了半个世纪的思恋,经过了许多磨难,你我都白了头发——浪花。

就在他明白自己的青春激情已经不再的时候,他突然看到在他刚才游海折返的地方,有两个年轻人继续向他不敢问津的地方游去。他看到这一代又一代的相承和延续,他那令人悲怆的"小我"仿佛又与大海、天空、人类融为一体,重新产生了力量。从少年时将大海与激进浪漫的理想相连,到青年、中年失去自由时将大海作为一个遥远的梦,再到晚年真正面对大海时对民族历史和个人苦难冷静而平和的思索,《海的梦》展现了一个知识分子在一段苦难岁月中对无常人生的思考。大海对缪可言来说是压折了的梦,象征着被历史压断了的知识分子的精、气、神。当他看到青春、自由在大海中延续,看到大海依旧奔腾不息,这个饱经沧桑、被历史弄得一无所有的知识分子,终于获得了精神上的复活——甚至是超越。缪可言的海之梦,其实正是王蒙用理想主义的笔调谱就的中国知识分子的精神之歌。

二、外国海洋文学

大海对于靠海生活的西方人来说,不是传说,而是现实的生活;不是诗歌,而是心中自然流露的诗意;不是冒险故事,而是生而就有的冒险精神;不是镁光灯下的戏剧舞台,而是阳光和月光都曾照耀过的心灵之所……

1. 古希腊海洋神话

古希腊文明是海洋文明的发源地。在古希腊的神话传说中,无论是神还是人,都具有自由奔放、独立不羁、狂欢取乐、享受现世的精神特征,而在困难面前,他们又表现出百折不挠的进取精神。这种矛盾在海神波塞冬的身上有着充分的体现，这与古希腊人生活的海洋世界不无关系。海洋世界的博大开阔使古希腊人对自由无限渴望，把握自己的命运、享受短暂的人生成为古希腊文学中"人本思想"的最初动机，这也成为西方海洋文学的基本内核。

《荷马史诗》中，古希腊神话对自由、对个性、对享乐的强调，则转变为对能够在追求荣誉、光荣过程中自觉承担痛苦的英雄的歌颂。荷马笔下的俄底修斯在海上历经了十年的漂泊，承受着巨大的痛苦，然而为了光荣地返回故土，他从未屈服。尽管个人的荣誉和尊严高于一切，然而古希腊人明白，当为了崇高的梦想陷入命运的大网之后，必然会有痛苦和困难，这是荣耀的代价。荷马用他精湛的语言技巧和深邃的思想，塑造了那片拥有英雄的大海。

古希腊神话中的海神——独立不羁的波塞冬

在古希腊神话中，最著名的海神是有着长长的卷发和蓝宝石般深邃的眼睛，手持三叉戟，头戴海草王冠的波塞冬。他是天神宙斯、天后赫拉和冥王哈得斯的兄弟。当年他和哈得斯一起协助宙斯推翻了克洛诺斯的统治，因此宙斯将海洋交给波塞冬统辖。波塞冬生性潇洒，自由随性，喜欢一切美的事物。他居住的宫殿富丽堂皇，由五光十色的珍珠贝壳镶嵌而成，海底各种美丽的植物都能在他的花园中

古希腊神话中的海神波塞冬

找到。波塞冬出门总是驾着马车，如同一个翩翩的侠客，驰骋于海上，呼风唤雨，鲸鱼们倾巢出动，海豚们一片欢腾。

实际上，波塞冬的内心并不像他表现出的那么潇洒。尽管他居住在深海中，却时刻都在窥伺宙斯的一举一动，他自信有足够的力量推翻宙斯的统治，称霸世界。后来他同赫拉、雅典娜计划一起推翻宙斯，阴谋被识破后，宙斯罚他和阿波罗去修建特洛伊城墙。波塞冬是一个将个人的荣誉和尊严看得极重的人，因此尽管修筑城墙是一种惩罚，

但是波塞冬还是恪守职责,一丝不苟。特洛伊的国王拉奥墨冬曾经答应他,只要城墙修好,就会给他相应的报酬。可是,当波塞冬辛辛苦苦干了12个月将壮丽的城墙修好后,拉奥墨冬却矢口否认,还扬言要割掉波塞冬和阿波罗的耳朵。波塞冬有着强烈的报复心,他不能忍受任何不义之举,因此和特洛伊从此结下了不可和解的仇恨。他先是在特洛伊的海里造了一个海怪,海怪所到之处,无论人还是物都会荡然无存。最后,拉奥墨冬只得将自己的女儿赫西俄涅献出,以平息波塞冬心中的怒火。然而在特洛伊战争中,波塞冬又坚决地站在阿尔戈斯人一边,并帮助他们打败了特洛伊人。他有仇必报,但是在行动中仍然尽力保持公正。例如,当阿波罗变形为吕卡翁鼓励埃涅阿斯和阿基琉斯敌对时,赫拉准备发动众神参战,波塞冬认为赫拉的做法不公平而拒绝参加。当宙斯命令他退出帮助阿开亚人的战斗时,波塞冬尽管旗帜鲜明,内心充满了不服气的劲儿,但是在个人利益和社会责任相冲突的时候,忠于自我、个性张扬的波塞冬还是选择了服从,承担起个人对社会的责任。

俄底修斯的返乡之路——荷马史诗《奥德赛》

诗是人类最美丽的语言,当人类还处于原始的氏族社会、还不会用华丽的辞藻掩盖思想的贫乏时,诗歌与大海结合在一起是什么样子?也许,荷马史诗《奥德赛》能够告诉我们答案。

《奥德赛》是史诗与大海比较完美的结合。它将跌宕起伏的命运、永不屈服的英雄与险象环生的大海紧紧结合在一起。它那简约有力的诗句,伴随着荷马那苍凉的七弦琴声和骇人的波涛声,让我们至今读来依旧能够感受到英雄的荣光。《奥德赛》讲述了俄底修斯十年漫漫的返乡之旅。当希腊联军抢劫完特洛伊城、准备乘坐军舰返回故土的时候,一场风暴席卷了俄底修斯所在的军舰。所幸,他的聪明才智和深谋远虑得到了雅典娜女神的赏识,在女神的帮助下幸免于难。从此,俄底修斯踏上了艰难的归家旅途。在这条不平凡的旅途中,俄底修斯经历了太多的艰难困苦:先是海神波塞冬的儿子独眼巨人吃掉了俄底修斯的伙伴,又险些把他吃掉,俄底修斯刺瞎了独眼巨人的眼睛才得以逃脱;后来他躲过了使路人吃了就不再思乡的椰枣,躲过了女妖塞壬的美妙歌声的诱惑,甚至还到地狱中去问卜;最后,他遇到了仙女卡吕普索。卡吕普索为了让俄底修斯做自己的丈夫,将他拘禁在深邃的洞穴中长达七年。所有这些苦难都没有磨灭俄底修斯对妻子的思念和回家的渴望,他望着漫无边际的大海,盼望能早日回家。终于,俄底修斯的坚毅和决心以及身心所遭受的痛苦感动了众神,他们决定助他回家。然而,海神波塞冬却对俄底修斯的返乡之旅百般阻挠,因为他的儿子就是那个被俄底修斯刺瞎眼睛的独眼巨人。当俄底修斯在大海中航行的时候,波塞冬突然卷起一个巨浪,将他乘坐的筏子抛出很远,舵柄从手中滑脱,桅杆被风暴拦腰折断,俄底修斯被重重地压在了狂涛巨澜之下。俄底修斯没有放弃,他拼尽全力在波涛中找到自己的筏子,紧紧地抓住这回家的希望和一线生机。俄底修斯靠着顽强的意志在汹涌的波涛里漂浮了两天两夜,终于被擅长航海的菲埃克斯人救了起来,并在他们的帮助下回到故乡。回乡之后,俄底修斯与出海打听父亲消息归来的儿子得以相见,但他离开故乡多年,许多人觊觎他的王位和财产,向他的妻子求婚,并天天在宫里胡闹。俄底修斯设计惩罚了那些蛮横无耻的求婚人,最终夫妻相认、一家团圆。俄底修斯的返乡之路,是一个英雄从离开家园、失去家园到寻找家园的过程。在这个过程中,大海成为他归家的巨大阻碍并使他经受了无限痛苦,他一直在诘问——

是哪位长生者不让我返回故乡,我该如何穿越这满是鱼群的海洋?

同时,这些障碍和痛苦也在不断地磨炼着他的意志,使他完成精神上的成长。这种不屈不挠的坚毅,以及对苦难的自觉承担,使俄底修斯成为海洋文学中最具有英雄色彩的人物。同时,《奥德赛》对海上奇异的景致、绚烂的色彩的刻画

荷马在唱诗

到了让后人难以企及的地步。这使人们开始怀疑世界上究竟有没有荷马这个盲诗人；如果有,他那空洞的双眼怎么能够看到那葡萄紫的海水,指甲红的曙光……

2. 美丽的传说故事

如果说希腊神话是人类在儿童时期对未知世界的想象,荷马史诗是诗人对英雄世界的讴歌,那么海洋传说故事则是普通劳动者、流浪艺人对生活的解释。这些劳动者和流浪艺人最贴近土地。在他们的述说中,我们能闻到泥土的气息,闻到鲜花的芬芳,能感到他们生活的节奏和时代的脉搏。中古时期的阿拉伯航海冒险传说《辛巴德航海故事》中,商人辛巴德七次出海的经历,就带着阿拉伯人民对幸福、对财富的理解,也反映了阿拉伯世界从游牧时代走向崛起的变化。那些或美妙、或恐怖的美人鱼传说,不同民族、不同时代的人有不同的解释,虽然一时无法用科学来验证它的真实性,但是它从某些方面反映了人类对海洋生物的好奇和探索。在海洋传说中,除了奇妙丰富的想象,我们更能感受到来源于民间生活的力量,从中发现人类社会的发展与变化。

美人鱼的传说

在许多传说故事中,美人鱼的身影总是和超自然的神力联系在一起:在童话故事里,美人鱼代表着善良美丽、温柔无私的女性;在民间传说中,美人鱼则具有多面性,既可能是秉性凶残的女妖,又可能是心地善良的水仙女。

关于美人鱼的传说最早见于公元前19世纪的古巴比伦王国,那

生活在海中的哺乳动物儒艮

时美人鱼被奉为神灵,并且是雄性的,名叫"奥尼斯"。他有着人的相貌,习惯戴一个鱼头形的帽子,披着鱼皮似的斗篷,常常在厄立特里亚古海上出现,教导人们学习艺术和科学知识。中东古国的叙利亚人和腓力斯人也有关于美人鱼的传说,人们将其尊奉为月神美人鱼。这位雌性美人鱼名叫"阿塔佳提斯"。传说她生下的第一个孩子斯米拉米斯是一个缺乏神力的普通人,羞愧的她先杀死了情人,又抛弃了刚出生的孩子,自己完全成为鱼类。"阿塔佳提斯"是第一位被文字记录下的人鱼。古希腊也有关于海妖的传说。在传说中,海妖通常有着美丽的外表和非凡的音乐才能,能够用美妙的歌声和动听的琴声诱惑海上的水手,使船只触礁沉没。长久以来,人们习惯把她们等同于美人鱼,然而她们和美人鱼并不一样。直到发现公元前15世纪的一个绘有海妖画像的花瓶,人们才把谜底揭开,海妖们尽管也长着年轻女性的上半身,下半身却生有双翅和利爪,身躯像大鸟。海神波塞冬也常常被描述成半人半鱼的美人鱼的样子。公元前9世纪前后的荷马史诗《奥德赛》中,第一次出现了关于美人鱼的文学描述。主人公奥德赛在航行中遇见了美人鱼,但是他无法生动地描绘出美人鱼的样子。英国的民间传说对美人鱼有着非常生活化的描述。传说他们住在海底干燥的陆地上,都戴着保护他们不被溺死的魔帽,雌性美人鱼异常美丽;相反,雄性美人鱼却都是红鼻小眼,绿发青牙,酷爱喝白兰地。在日耳曼的民间传说中,美人鱼也分雌性和雄性,然而他们不像英国民间传说中的美人鱼那么亲切,据说他们非常奸诈凶险。雌性美人鱼常常把男子引诱到水中使其溺毙,而雄性美人鱼则会变成年迈的侏儒或者金发男孩引诱人类。在冰岛和瑞典的传说中,他们还会变成人首马身的样子,引诱人类骑到他们的背上,然后再冲进海里把人淹死。

随着科学的进一步发展,人们不再相信有关美人鱼的种种稀奇古怪的传说,而是开始寻找证明美人鱼存在或者不存在的科学依据,但是,即使到了21世纪,这依然是一个争论不休的话题。直至今天,美人鱼的传说仍以古老而又神奇的魅力吸引着世人。

海上之路的开拓者——《辛巴德航海故事》

《辛巴德航海故事》是被誉为世界民间文学创作中"最壮丽的一座纪念碑"的《天方夜谭》（又名《一千零一夜》）中最具代表性的航海冒险故事。它讲述了商人辛巴德一生中的七次航海冒险经历。第一次，他

错将一条大鱼当做海岛，被抛进海里，幸好找到一块大木板才幸免于难。第二次，他在一座岛上休憩时被船长遗忘在岛上，他自作聪明地将自己绑在一只大鹏鸟的脚上，结果被带入充满更多危险的山谷。第三次，他来到一座猴岛，遇见每天要吃烤人肉的巨人，因为他骨瘦如柴才得以逃脱。第四次，他被飓风刮落到水中，漂浮了一天一夜才来到一座岛上，结果遇到了食人族。当他幸运逃离后，又遭遇了一段妻子死后需要丈夫陪葬的婚姻，被扔进深井里。第五次，他被大鹏鸟袭击，落入海中，等他游到海滩又碰上了专门骑在人背上折磨人的海老头。第六次，巨浪把他的帆船撞到一座高山上，他浮水至一座满是沉香和龙涎香的岛上，饥饿使他几乎绝望。第七次，大船被鲸鱼袭击后触礁，他抓住一块船板才保住性命，后来一个商会头人救了他，并将自己的女儿嫁给了他，辛巴德在这座岛上住了27年才和妻子返回巴格达，结束了海上冒险的生涯。

辛巴德这种豪迈的气魄、进取的精神，也许源于人类内心深处对惊奇刺激的冒险生活的向往和对未知世界不可遏制的好奇心理。这种向往使辛巴德即使在家财万贯的时候，也停不下自己迈向大海的脚步；这种好奇，使中古时期的阿拉伯民间艺人纷纷传唱着关于白色大拱包似的大鹏巨蛋、小岛一样的大鱼、能够吞食大象的蟒蛇、吃人肉的黑色巨人、专门折磨人的海老头的故事，瑰丽神奇的想象装点着他们当时闭塞的生活。

3. 海洋诗歌

献给自由的诗篇——普希金的《致大海》

普希金

　　俄罗斯冬天的夜晚总是来得特别早，下午不到4点，夕阳就会像鲜血一样染红天空，1837年2月8日的黄昏也不例外。但是这天，随着彼得堡郊外黑溪雪地上的一声枪响，"俄罗斯文学的太阳"彻底陨落了——普希金被他的情敌射出的子弹击中了。在忍受了两天的痛苦折磨之后，这位在决斗的上午还在认真写作《彼得大帝史》的诗人，心脏停止了跳动。

　　普希金的诗句，仿佛是从心中自然流淌出来的，表现出强烈的情感和博大开阔的胸襟，这在他描写海洋的诗章中尤为明显。面对自由澎湃的大海，普希金的内心总是涌动着难以自持的激动。他与大海之间存在着一种精神上的交流，就像两个惺惺相惜的英雄。

　　在《致大海》（1824）中，大海是他相知多年的朋友，在即将离开的时候，他特意跑到其身边倾诉衷肠，诉说内心的悲愤。现实生活中的普希金此时正处于流放中，但他依旧我行我素，继续写作反抗专制的诗，沙皇因此又下令将其押送到他父母居住的米哈伊洛夫斯克村幽禁起来。《致大海》这首诗就是他在要离开敖德萨时写的，其内心的悲愤可想而知。在对自由的歌颂中，普希金想起了两个现实中的人：一个是政界的杰出人物拿破仑，另一个是为自由而战的诗人拜伦。拿破仑曾将法国民主主义的思想传播到整个欧洲，死后被葬在圣·海伦娜岛；而拜伦一生崇尚自由，投身于希腊的民族解放运动中，从不为威严屈服投降。遗憾的是，世界已经被暴君守卫，自由的盗火者或孤独离世，或英年早逝，普希金为他们痛哭，同时也在为自己痛哭。全诗在悲哭与沉思之中，在诗人的现实处境与历史的交叉中，塑造了一幅自由的圣像——大海。

普希金的诗歌，总是有一种光明的基调，即使在他激愤忧伤的时候，在诗中也找不到阴暗或者幽深，而总是明亮的、健康的、向上的。他生活在俄国沙皇统治最专制、最黑暗的时期，但还是在这片异常寒冷的土地上寻找光明之所在。在被流放到大海边时，他找到了自由的力量，那是一种勇往向前、不屈不挠、挣脱各种束缚而回归内心的力量。他的诗歌越来越激进，他的思想越来越明晰。流放和软禁对于一位独立不羁的诗人来说，更像是打在马背上的一记鞭子，只能让诗人对自由更加渴望、对黑暗更加憎恨。普希金的《致大海》只是再一次向大海借取力量，继续在那个冷酷的时代歌颂自由，继续为那些受苦受难的人呼吁同情。

要自由而非国王宝座的"恶魔"——拜伦和他的《海盗》

拜伦终其一生，只愿做一个无忧无虑的小孩。他的浪漫、叛逆、理想主义都源于一个孩童对这个世界的认真，他的敏感、过分自尊、坏脾气、对爱情的不专一也源于一个孩童的任性。

《海盗》写于1914年，当时拜伦正处于政治上非常不得志的时期。这一时期，尽管拜伦已经成为国会议员，但他的清高和孤傲，以及对个人自由和人道主义的坚持，使他在政治上被孤立，心中充满了苦闷。

拜 伦

于是，他将目光转向他并不了解的东方，将他所有的理想都倾注在那片遥远的土地上，写下了以东方为背景的浪漫组诗，包括《异教徒》、《阿比托斯的新娘》、《海盗》、《莱拉》、《巴里西纳》、《科林斯的围攻》。在这些组诗中，拜伦对资本主义进行了严厉的控诉，还塑造了一批孤傲、反叛、忧郁、自尊、拥有才华却无处可施的"拜伦式恶魔"。其中，《海盗》中的康拉德最有代表性。

海盗康拉德是一个勇敢、强壮、孤独的男子，他仇恨整个世界，以杀戮和掠夺钱财为生。尽管他罪孽深重，但却从没有为此后悔过，也从没有害怕过死亡和报应。唯一让他放不下的，就是心爱的姑娘梅朵拉，那是唯一占据他心灵的人。为了保护梅朵拉，康拉德在一座海岛的悬崖上为她筑起了一座高塔，随后为了荣誉和部下的生死存亡与追来的官兵展开了激烈的战斗。战斗失败后，康拉德被官

兵囚禁了起来，敌军中的一个女奴爱上了他，在其帮助下他才逃了出来。尽管他被救命恩人的痴情所打动，但是他心里已经装不下除了梅朵拉以外的任何人了，他决然地跑回海岛寻找梅朵拉。然而当他回到家中的时候，梅朵拉已经因为等待无望自杀了。康拉德痛苦万分，抛下珍宝、金钱、船只和属下黯然离去。

《海盗》结构简单，却能触动心灵，有一种激动人心的力量。这也许来自诗人对自由的守望，对激情的坚持。拜伦叛逆的性格，使他选择以一种"恶"的方式来表达对自由的守望。拜伦不在意社会的道德法令，不在意人们的评价，不期望流芳百世，也不惧怕所谓的遗臭万年，他在无意识中企图冲破一切社会对人性禁锢的律令。这是对上流社会虚伪的宗教和道德的一种蔑视、一种嘲笑。这种情感上的激越使他的诗歌读起来令人热血沸腾。

留给年轻人的梦——约翰·梅斯菲尔德的《海之恋》

《海之恋》写于 1900 年，因为它，年仅 22 岁的约翰·梅斯菲尔德名震诗坛。是什么使这首诗如此耀眼？它的特别之处又在哪里？

从内容看，《海之恋》不过是一个曾经被大海征服过的水手要再度扬帆起航的宣言。因为他放不下那孤独的大海和天空，挥不去怒潮的召唤，也忘不了海鸥迎着飞浪飞沫鸣叫的样子。这也许源于一个年轻的诗人经过了喧嚣和繁华之后依旧保持的质朴之心。这其实是两种生活的博弈：一种是富足的物质生活，没有孤独，无须拼搏，无须流

浪,不用在意心的航向是否偏离了轨道;另一种生活充满了艰辛,却有着精神上的富足,没有经过长期外出后的安寝和美梦,也许是大多数普通人能够接受的生活,但是对一个经历过大海、懂得大海的美的水手来说,这一切是那么的乏味。梅斯菲尔德无疑表达了年轻人想要追随自己的心,从尘嚣中回归大海的心情。因为年轻,这种回归闪烁着青春的朝气蓬勃,昂扬着激动人心的斗志。

约翰·梅斯菲尔德

从形式来看,《海之恋》这首诗体现出高度凝练的美感,短短 12 行,却营造了一个优美的、飘逸的自由之境。苍茫的大海上,一叶孤帆,一颗明星,一个仰望天空的水手,这是一种孤独;狂怒的大海上,漫天飞舞的飞浪、飞沫,不断俯冲的海鸥,一个挣扎得精疲力竭的水手,这是一种激情;神秘的大海上,偶遇的鲸鱼,不知来源的奇谈,一个不期而遇的美梦,这种生活叫流浪。孤独,激情,流浪——这是年轻人在那内心激荡不安的年纪,都曾有过的生活的构想。约翰·梅斯菲尔德用一种意象之美传达出梦境之美,这个梦里有着人类面对大海时共有的一种情感、一种永恒——对自由的向往,对激情的渴望。

4. 暴风雨之歌——海洋戏剧

莎士比亚的《暴风雨》写于英国繁荣强盛的"伊丽莎白"时代。这一时期,资本主义经济迅速发展,海上贸易频繁,殖民主义迅速扩张,金钱和贪欲腐蚀人心。莎士比亚深感自己的人文主义理想在现实中无法实现,于是决定在暴风雨中彻底地沉没,退出戏剧的舞台。

美国现代戏剧的奠基人尤金·奥尼尔有着 6 年海上生活的经历,但是真正促使其走上戏剧之路并开始创作航海戏剧的原因,是他对第一次世界大战后缺乏信仰、没有精神寄托的美国社会的思考。他笔下的人物总是诗意的、浪漫的,但又总以悲剧收尾;大海是他们命中无法逃脱的劫难,既源于理想的可望而不可即,又源于命运的不可知。在他看来,只有那些纵使知道自己微不足道但是仍然选择永不妥协、永不回头的逐梦者,才是精神上的贵族。

你是我逃不过去的劫——奥尼尔与他得航海戏剧

作为美国现代戏剧的奠基人,尤金·奥尼尔的戏剧之路是从海洋开始的。他从小就跟随家人走南闯北,在他的印象里,童年生活就是肮脏的旅馆和火车站。这段居无定所的生活使奥尼尔与家人产生了难以言说的隔膜,也成为他日后探究人与人、人与命运之间关系的出发点。1906年,奥尼尔考上了普林斯顿大学,但才上了一年就被校方开除了。此后,奥尼尔又开始了漂泊生涯。他先是与人去南美洲的洪都拉斯淘金,后来又在杰

尤金·奥尼尔

克·伦敦、康拉德等人的海洋冒险小说的影响下,作为一名水手登上了驶往布宜诺斯艾利斯的帆船。这段海上冒险生活给奥尼尔提供了许多写作的素材,从真实生活中得来的思考使奥尼尔的航海剧作充满了更多的诗意,更多对梦想求而不得的痛苦和永不回头的激情。他

笔下的大海不再是冷漠无情的世界,而是自由的精神家园。奥尼尔创作了大量的海洋戏剧作品,主要有《东航加迪夫》(1916)、《遥远的归途》(1917)、《天边外》(1918)、《安娜·克里斯蒂》(1921)等。

　　《天边外》是奥尼尔航海戏剧的代表作,作品借海上和陆地生活的对比,延续了其航海戏剧中一贯的对人在现实和理想间无法统一的人生悲剧的探讨。罗伯特一生都在追逐不属于自己的东西,可是在他生命结束的那一刻,当他拖着病体艰难地爬过山头,在日出面前幻想着天外边的远航,"自由"地死去的时候,却有一种打动人心的力量。这种力量源于一个内心有梦想的人精神上的美,它足以抵消理想的荒谬性。

　　《安娜·克里斯蒂》中的老水手克里斯也是徘徊在海洋与陆地、理想与现实间的人物。其家族成员身上好像一直流淌着迷恋大海的血液。他的父亲和哥哥都是葬身于大海的水手,他又因为看到母亲和妻子苦苦等待在陆地上直至去世也没有得到幸福而憎恶大海。为了使女儿安娜远离大海这个"恶魔",他把她托付给农庄里的亲戚,不幸的是,安娜在农庄不但受尽折磨,还遭到表兄的奸污,最后走上歧路。安娜得病后来到父亲的煤船上生活,在大海面前,她突然感到一种与自己一直寻找的东西相逢的快乐,大海使她告别了过去的生活,仿佛让她又变得"干净"和快乐了。在海上,她爱上了一个水手,面对真诚的爱情,

她向父亲和情人坦白了自己的过去,终于嫁给了自己心爱的人。但是在安娜对未来充满希望的时候,父亲克里斯却感到悲观,大海仿佛有一种神秘的力量,使安娜最终走向和她母亲一样的命运,无论怎么反抗都是徒劳。

在奥尼尔的笔下,大海具有多重寓意:在《东航加迪夫》和《遥远的归途》中,它是水手们憎恶又无法离开的地方;在《天边外》中,大海就像一个遥远的梦,这个梦与现实格格不入,但赋予了追梦人灵魂上的自由和希望,是其精神家园;在《安娜·克里斯蒂》中,大海就像一张网,即使你再努力,也无法逃脱它带来的劫难。不过,无论是什么,大海都映射出奥尼尔对人类精神世界的苛求态度,这使他剧中的主人公们有着诗人一样的性格和浪漫追求,即使最终以失败和死亡告终,即使他们生活在痛苦、彷徨、失望、愤懑之中,但是因为有与大海纠缠不清的梦,他们获得了经过痛苦洗礼之后的崇高。

《暴风雨》中的理想国

《暴风雨》常被认为是莎士比亚告别剧坛的封笔之作,它创作于莎士比亚的晚年,充满了梦幻色彩。这梦幻也许源于已步入老年的莎士比亚返璞归真的童趣,但更多的是一个走过人生大半路程的人,对自己过去的人生理想、政治追求的总结,是一首留给后世的"诗的遗嘱"。

威廉·莎士比亚

很多人都把普洛斯彼罗的宽恕和原谅看做晚年莎士比亚欲与社会和解的橄榄枝,看做岁月和生活给予他的超脱与淡定。事实上,当莎士比亚从青年时热衷的喜剧转到中年时的悲剧再转到晚年时的传奇剧时,他不是越来越超脱、淡定,反而是越来越绝望。《暴风雨》是一个寓言世界。在这里,暴风雨是恶和仇恨的象征,大海是混沌不清的宇宙,在海上颠簸的航船是现实中的人类世界,而海岛则是孤立于人类世界的"理想国"。即使是书中最光彩夺目的爱情，莎士比亚也在一直强调，这种纯真的感情只能发生在特殊的情境中——一个与世事隔绝的荒岛上，只有这样，腓迪南才会对米兰达一见钟情，才会信守誓言。莎士比亚将爱情的舞台从尘世搬到"理想国"，搬到这个悬空于现实之上的舞台，赋予他们"童话式"的结局，其实正透露着他内心对现实的绝望。

在《暴风雨》上演后不久，莎士比亚就以海谢幕，离开伦敦回到了故乡斯特拉福特，从此搁笔。因此，当《暴风雨》中的主人公普洛斯彼罗在舞台上悲怆地喊着"现在我已把我的魔法尽行抛弃，剩余微弱的力量都属于自己"的时

电影《暴风雨》剧照

候，我们不能不想到，这或许是莎士比亚在与自己20多年的戏剧生涯告别。一个将自己的才华彻底收起、将自己的著作沉入大海的英雄，一个年迈无力、对命运无可奈何的老人，是普洛斯彼罗也是莎士比亚自己。当一个以自己具有魔力的诗笔为傲的剧作家，离开给他带来无限荣耀和痛苦的舞台，莎士比亚不会不明白他的人生从此将从绚烂归于平淡，在剩下的岁月里，他只是一个祈求别人给予自由和宽容的老人而已。这一场暴风雨或许是莎士比亚最后的战争，也是他留给世人的"诗的遗嘱"吧！

5. 海洋历险小说

阅读海洋史诗时，我们会为英雄们为荣誉而战的崇高而感怀；阅读海洋诗歌时，我们会被浪漫派作家追求的自由梦想所打动；然而，阅读海洋历险小说时，我们的感觉却变得复杂——这个世界不再是我们能用一个词概括的。

这个充满危险的海上世界，既有对自由的追求，又有对金钱的膜

拜；既有水手心灵世界的描摹，又有工业化与人性冲突的表现；既有对国家的忠诚，又有对个人尊严的捍卫。这些错综复杂的选择，或许能让我们看到每一代人内心的追求与渴望，矛盾与困惑。

海洋历险小说的奠基之作——《鲁滨逊漂流记》

丹尼尔·笛福出生于伦敦一个商人家庭，他上完中学就开始经商，去过很多国家，积累了丰富的海上经验。作为一个作家，笛福的起步非常晚，他 59 岁才开始写作小说。1719 年，他在报纸上看到一则消息：1704 年一个叫做赛尔科克的苏格兰水手因同船长失和，被遗弃到离智利有 400 英里之遥的于安·菲南德岛上。在那里，他仅靠一磅炸药和坚强的毅力，独自生活了 4 年才被路过的船只带回英国。赛尔科克的事使笛福

丹尼尔·迪福

联想到自己早年漂洋过海的经历，他决心写一部关于这个"冒险者"的小说，于是就有了《鲁滨逊漂流记》。连他自己也没有想到的是，就是这本连姓名都没有署的书，使他成为"英国和欧洲小说之父"。

　　《鲁滨逊漂流记》中的主人公鲁滨逊从小就有着遨游四海的梦想，他无法接受父亲所说的比上不足、比下有余的稳定生活，长大后违背父命，跑到海上去经商。第一次出海，鲁滨逊遇到暴风雨，船只沉没，他侥幸逃过。第二次出海，他赚了一笔钱，学到了不少和航海有关的知识。第三次出海，他被海盗俘虏，漂泊了几十天到了巴西。在巴西，鲁滨逊经营种植园。为了解决劳动力问题，他决定去非洲购买黑奴，然而在

航海的途中，他又一次遇到风暴，被冲到了一个海岛上。在他的身上，只有一把刀、一个烟斗和一小匣烟叶，他必须战胜自己的胆怯和绝望，坚强地生活下去。他用在船上搜到的十几粒种子种粮食，用船的碎片盖房子，将野生的山羊驯化为家畜，靠着双手在荒岛上建立了自己的庄园。后来，他还从野人那里解救了一个土著人，给他取名叫"星期五"，教给他文明与知识。最后，由于鲁滨逊帮助一位路过此地的船长制服了叛变的水手，船长为了感谢他，将他送回了阔别多年的故土。

想方设法地"驯服"大自然的鲁滨逊

在鲁滨逊身上，我们看到了很多后世航海小说主人公都具有的品质——不畏艰险、敢于冒险、积极行动，但不同的，是对金钱的膜拜和利己主义。鲁滨逊被冲到荒岛上时，他首先想到的就是将船上暂时已经没有任何价值的钱币搬上岸，严密保管起来。在与大自然相处的过程中，他根本没有心思去欣赏什么美景，脑子里不停转动的念头就是要想方设法地"驯服"大自然，让它为自己服务。在不断征服的过程中，鲁滨逊想要满足的是自己的欲望。他认同贩卖黑奴的行为，因为这能为他带来财富；他教给自己俘虏的土著人"星期五"文明与知识，只是为了让他更好地做自己的奴隶。他回国之后在别人的劝说下结了婚，却没有任何喜悦，因为婚姻并不能让他得到什么利益。当鲁滨逊独自一人在岛上时，他信仰上帝，但只是希望上帝能够帮他的忙。他相信勤勉的重要性，但源于他把增加自己的财富作为活着的目的。在鲁滨逊的世界里只有一个人，那就是他自己。这种个人主义不同于追求自由的拜伦、普希金，他完全被金钱渗透着、束缚着，即使在荒岛上，鲁滨逊也没有获得精神上的自由。

海上的燃情岁月——康拉德的《青春》

约瑟夫·康拉德是英国杰出的小说家，同时也是当时著名的航海家。12岁时，因父母双亡，他便跟随舅舅一起生活。康拉德从小就敏感而孤寂，唯一感兴趣的就是读小说，尤其是英国小说家弗里特里克·马略特的海上冒险故事和法国作家雨果的《海上劳工》。也许是受其影响，少年康拉德萌生了去海上生活的愿望。16岁时，他离开家去追逐自己的梦想，来到法国马赛，在一艘货船上当见习水手，从此开始了他长达20年的海上生活。从一名普通水手到一船

约瑟夫·康拉德

之长，康拉德在这20年中既经受了暴风雨的考验，又忍受了海上漂泊的孤独和艰辛；既领略过大海的美，又见识过它巨大的破坏力，这种朝夕相处的感情深入他的骨髓。也是在航海的途中，康拉德学会了英语，这不仅让他找到了一个可以居住的国家，同时也为他打开了英国文学的大门。这位30岁还是英文文盲的水手，凭借着早年在海上与风浪打交道的经历和身上那股不屈不挠的水手精神，在42岁时写出了海洋文学的经典之作《黑暗的心》；此后一发不可收，《青春》、《台风》、《阴影线》等多篇脍炙人口的海洋文学作品光华夺目，使他成为英国文学史上举足轻重的小说家。

《青春》是康拉德用来考察人类复杂而变幻莫测的内心世界的小说之一，它叙述了年轻的水手马洛在一次去往泰国的航程中遭遇了种种困难，但是因为有青春在，马洛在与这些困难搏斗的过程中，始终保持着乐观向上的英雄气概。他尽情享受着青春的愉悦，内心始终涌动着一股力量，这股力量使他能够与这艘破船和船上的水手们同欢乐、共患难、俱爱憎、齐努力以至于共生死。在航行过程中，由于遭遇巨浪，船身漏水，马洛和水手们不得不一班接一班地拼命抽水，即使已经筋疲力尽，抗争与努力仍在继续。在货仓起火的时候，许多船员受了伤，

烧了眉毛、头发、眼睫毛，皮肉被撕破；在"犹太号"沉没后，他们又划着救生艇，在茫茫大海上，顶着烈日和狂风划了几天几夜……这些苦难，在年轻的马洛看来，只是成长的磨炼和生命的考验。他在大海中，在青春里，感受到了真正的光荣和人性的力量。

在《青春》中，康拉德不仅歌颂了海洋，还歌颂了"由海洋而生的做人的美德"——在绝望时仍保存人格的高贵。康拉德的海洋小说中，总是有着这样的水手精英，他们不但拥有力与美，也身负着责任感、忠诚、团结、坚毅等优秀品质。正如著名评论家利维斯评价的那样，康拉德对航海传统所代表的人类美德抱有极强的信念，康拉德的海洋小说中展示了人类内心深处的道德力量——"最纯洁的力量"。

"超人"的精神悲剧——杰克·伦敦的《海狼》

杰克·伦敦

《海狼》出版于1904年，主人公"海狼"赖生与众不同的气魄给美国的小说界注入了新鲜的空气。

故事发生在茫茫的大海上。作家亨甫莱·凡·卫登乘船返回旧金山时遭遇沉船，被专门猎捕海豹的"魔鬼号"救起，但是船主赖生强迫他跟随"魔鬼号"一起出海。在船上，亨甫莱既做仆役又要陪赖生谈诗歌、谈理想，他的处境完全由赖生的心情所决定。一次，"魔鬼号"在台风中救出了5名旅客，其中有一位名叫布鲁斯特的女记者。相处中，赖生渐渐喜欢上她的美丽和智慧，并企图强行占

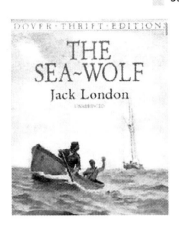

有她。当赖生抱住她的时候，却头疼发作，布鲁斯特和亨甫莱趁机逃了出去，来到了一座荒岛上。不久，"魔鬼号"也在荒岛上搁浅，此时的赖生已经双目失明，但是他还是能感觉到他喜欢的人的气息。他找到了布鲁斯特和亨甫莱，企图与他们同归于尽，但命运最后还是让这个具有强大生命力、永不服输的人孤独地病死在"魔鬼号"上。

　　由海洋造就的赖生，在与海洋的朝夕相处中，内心时刻处于一种不断战斗的状态。他出生在一个贫穷的海上渔民家庭，很小就踏上了航船。在船上，他被人们拳打脚踢、恶语相加，无人庇护的他只能学着自己保护自己。水手生活，给赖生打开的关于世界的窗口，这是一个弱肉强食的世界。他逐渐认识到，人只有自身强大才能战胜别人，由此成为永不停战的"海狼"赖生。"人性"和"兽性"在他的身上不断激战着，使他成为一个喜怒无常、令人琢磨不透的人。这种琢磨不透也使"海狼"成为海洋文学史上一个极富个性魅力的形象。

在梦想和自由的流放地——海明威的《老人与海》

欧内斯特·海明威

　　一个叫桑提亚哥的老人，已经有84天没有捕到一条鱼了，这对一个一贫如洗、无依无靠的老渔民来说是一个致命的打击。更令他痛苦的是，周围人都认为他交上了厄运，怀疑他的能力。他身边唯一的一个朋友——小男孩曼诺林也被父亲拉走了，老人陷入了孤独的境地。但是，这个几十年都在风雨中颠簸，与大海抗争的老渔民并没有畏缩和退却，第85天，他又扬起那用面粉袋补了又补的破帆，带着自己的工具，驾船出海了。这一次他去了更远的海域,在那里他遇到了一条大马林鱼并最终制服了它。当老人心满意足地拖着它准备回家的时候,没料到在途中被鲨鱼袭击,老人只能眼睁睁地看着它们把马林鱼撕咬得只剩下一副鱼骨。虽然如此,他仍然感到很骄傲,当他拖着沉重的步子回到家中睡下的时候,梦中他看到的是象征着勇敢的非洲金色海岸上嬉戏的狮子。

桑提亚哥是海明威笔下"硬汉"中的一个。在与大自然的抗争中,他始终保持着人在"重压下的优雅风度"。在他眼里,万物都是有灵性和尊严的。他衷心欣赏着自己的对手,制服马林鱼的过程对他来说并不是为了证明什么,而是一种带有尊严的生活的象征。在他眼里,大海就是一个他所喜爱的女性。海明威对大海和生命的态度,结束了之前海洋历险小说中人与自然的敌对关系,走向了生死与共的和谐,同时也提出了20世纪人类社会一个新的问题,那就是人类如何处理更为复杂的与自身之间的危机。

小说出版于1952年,当时美国经济处于全面萧条期,大批的工人失业,如同作品中老人在第84天没有捕到鱼时的心情一样,人们对社会的信心处于崩溃的边缘。而《老人与海》的出现,无疑给美国人找回了继续拼搏的勇气。

第二部分 海洋艺术篇

以海之名，艺术从此有了蓝色的梦想。唱一首有关大海的歌，带着陶然入境的心情，在艺术的殿堂里，倾听海的呼吸，感受海的律动……

一、海洋绘画与雕塑

以海命名，这是一座布满绘画与雕塑艺术的圣殿，这也是一次心旷神怡、精彩迭出的长途旅行。即刻启程，让我们揭开神秘海洋面纱，抚摸从先民石笔到现代艺术的海洋脉络，在海难与战争中感受生命的凝重；于阳光照耀的沙滩一览大海之魅力，从海边的身影品味海洋之底色；放逐山水间，触摸水墨丹青下的浩森烟波。

1. 神秘海洋的原始印象

在艺术的长河里，我们乘一叶扁舟顺流而下，一路欣赏，一路陶醉，却往往忽略了长河源头那一道最初的风景。那是人类面对神秘大自然，第一次尝试描摹出它的模样；那是人类在饥寒交迫的生活中，第一次眷顾美的所在；那里饱含着原始先民为求繁衍生息而仰望万物神灵时的默默期许与敬畏。我们的祖先在迎海而立的岩壁上，用石块或褐土为海洋描摹出最初的画像。没有丰富的色彩描绘，没有逼真的细节刻画，他们用最为稚拙的"笔触"，勾勒出人类绘画史上最初的线条。

时至今日，我们或许已无法确定海洋绘画艺术从何处诞生、为谁所勾勒，但是，随着艺术考古的深入发展，躺在大地深处，抑或潜身海底的海洋艺术珍品，逐一向世人展露出那遮掩已久的容颜。一扇历史之窗由此打开,我们仿佛看到了原始先民依海而居、靠海为生的生活图景……

公元前3万年,历史画卷展开至旧石器时代的奥瑞纳文化时期。此时,漫长的冰河期终于到了末端。目光触及的远方,一片春暖花开、生

贺兰山岩画——太阳神

机盎然。暖暖的阳光下,万物在沉睡中渐渐苏醒,我们的绘画艺术正是在此时"粉墨登场"。在深邃、漆黑的洞穴中,古象、黑牛、野鹿等动物形象在原始先民的描摹下栩栩如生,随着流动的烛光清晰可见,闪现着不为人知的神秘之光。两万年以后,中石器时代到来,冰河融裂,万物复苏。随着气候转暖,原始先民的画板由黑暗的洞窟转移到了露天崖壁,岩画荣升为此时绘画的主角。在地中海西岸,一幅原始画面在石灰质山岩的隐蔽处若隐若现,这便是西班牙东部著名的拉文特岩画。绘画发展到此时,原来简约单一的动物描摹,已被更为多彩的生活图景所取代。成群的动物悠然行走,错落有致。几笔线条简单勾勒出人的模样,宛如挂在壁崖之上的剪影,充满浓郁的生活气息。

此时此刻,生活在大海之滨的原始先民也开始了对海洋的描绘。

法国拉斯科洞窟壁画

在他们的眼中,对深不可测的海洋充满了无限遐想。它时而波光粼粼、安静柔美;时而呼啸而至,甚至吞噬掉他们的家园。潮涨潮落,岸边跳跃的鱼虾,慵懒的贝蟹为生活于此的原始先民提供了丰富的物产,更点燃了他们涂画海洋的灵感与激情。在这里,大海既是食物的来源之所,又是海洋艺术的资

源宝库。这里书写着先民虔诚的祈祷,隐藏着征服自然的小小野心,更孕育着艺术创作的万般灵感……

2. 海洋艺术之巅——灿烂的地中海文明

在亚、欧、非三大洲之间,有一片宛如水塘的海域。在这里,成群的海豚与海鸟追逐嬉戏,海上船只满载货物往来于岛屿之间,演绎出一片欢乐的景象;在这里,蓝色双眸的一次次眺望,驱使着人们不断征服大洋彼岸的神奇世界,各地海洋文化由此传递;在这里,吹响的号角、飞扬的舰旗,见证了海上战火纷飞,更镌刻下每一个王国的辉煌历史,这里便是海洋文明的艺术圣地——地中海。

如果说海洋是万物生命的"诞生之所",那么地中海便是孕育西方海洋文明的"温床"。基督教派、伊斯兰教曾在这片海域中生根发芽;早期的美索不达米亚文明和古埃及文明,以克里特岛为代表的爱琴文明,以马耳他为代表的巨石文明,面向海洋的腓尼基人、迦太基人,纵横西亚的赫梯人、波斯人,还有希腊人和罗马人先后出现在这里,为地中海的海洋文明书写下辉煌的一笔。而诞生于此的希腊神话,更是在口口相传中影响了一代又一代的人,并深刻影响着之后历代的西方艺术创作。

艺术之巅的宝冠——古希腊、罗马的海洋艺术

"单纯的崇高,肃穆的伟大"——18世纪德国美学家温克尔曼用这一词汇来形容古希腊艺术之境界。的确,它有着人类童年般的纯净与理想化,与此同时,又不失古典的端庄与典雅。古希腊人依海而生,追求自由、勇于冒险的航海精神融入他们的海洋艺术创作,诞生了《狄奥尼索斯航海》这样的绝世佳作。政治的民主,社会对工艺劳动者的尊重,为艺术创作渲染上一片原始人文主义的底色。"人神合一"的宗教思想融注于艺术创作,丰富的浪漫情怀,辅以超凡脱俗的想象,使希腊神话中的主角在艺术作品中一直闪耀着人性的光辉。公元前4世纪末,亚历山大率军征服希腊各城邦,宣布了一个帝国的诞生。伴随不断扩张和征服的步伐,希腊文化邂逅东方文明,为希腊艺术注入

了多元化的新鲜血液，并深刻影响着罗马艺术的形成与发展。

胜利女神像

今天，在巴黎卢浮宫博物馆内陈列着一座高约 2 米的大理石雕像——胜利女神像。为纪念萨莫色雷斯岛的征服者在一次海战中大败埃及王托勒密的舰队，公元前 306 年，这尊女神像诞生于艺术家之手，并从此矗立在该岛之上。遗

胜利女神像

憾的是，神像在被发掘之初就丢失了头部和手部。但是，我们仍能从动感的体态、圆熟的雕刻技法中想象出女神的完美姿态。矗立在大海之上，迎面吹来的海风将女神的衣裙掀动，上扬的衣角加上展开欲翔的双翅，构成了极为流畅的线条。薄薄的衣衫使丰腴健美的身体曲线若隐若现，正如那脖颈之上不得而知的面容，留给世人以无限的遐想。由此，一块冰冷坚硬的大理石上幻化出一个富有生气的女性形象，也记录下一次胜利的战役和一段光荣的历史。

跨世纪的回响——文艺复兴时期的海洋文明

14 世纪到 17 世纪，古希腊与罗马的艺术辉煌，在意大利找到了耐人寻味的回响。一场以复兴古典文化为名义的思想文化运动将人文主义之风吹向欧洲大陆。借此，人本思想、理性精神一时间在艺术创作中重现昔日光辉。《维纳斯的诞生》便是这一时期海洋艺术的经典之作。

《维纳斯的诞生》

1485 年，诗人波利蒂安的一首长诗《吉奥斯特纳》点燃了波提切利的创作激情。于是，"佛罗伦萨画派最后一位画家"绘制了一幅精美绝伦的巨作——《维纳斯的诞生》。相传，象征着爱与美的女神维纳斯，一

出生即是一个完美无缺的成人形象。这幅画卷即表现了女神诞生时的情景。画面以风平浪静的爱琴海为背景，几只飞鸟点缀其中，生机盎然。在微微泛起的涟漪中，巨大的贝壳支撑着美丽的维纳斯站立于画面中央。她赤裸全身，金发飘逸，体态优雅，面带惆怅和羞赧。画面两侧，春神和风神相伴女神左右，使整幅画卷人物分布

《维纳斯的诞生》

匀称有致。其实，这幅画里还有一个不为人知的插曲，那就是当时画家在女神迷茫的神色中，偷偷藏匿了自己的心境。如今欣赏这一画作，画家与作品的心境交融耐人寻味。此外，整幅画卷色彩明朗和谐，带给人以生命降临的欢欣与美好。

《海神之子》

《海神之子》

作为文艺复兴的发源地，意大利的艺术气息始终辐射四周。在佛罗伦萨领主广场的喷水池中央矗立着一座举世闻名的雕塑，它便是 1565 年意大利著名雕塑家巴托洛米·阿曼纳蒂创作的《海神之子》。在这里，海神波塞冬的形象不再凶悍无比，但风采依旧。他换装成一位老渔民，降临凡间，收敛了霸气的同时增添了人间温情。看那嬉戏于他双腿之间的小海神特里同，甩动长长的鱼尾，把玩着能够呼风唤雨的神奇海螺，从海螺中喷射出的水花不知吸引过多少孩子的目光。人来人往，潮涨潮落，《海神之子》始终矗立于此，将神话的浪漫与现实生活交织在海洋艺术的永恒之中。

远古艺术的海洋记忆

　　领略了文艺复兴时期海洋艺术的辉煌，让我们回溯到古地中海文明。在这里，海洋艺术的远古风貌渐渐苏醒，一一呈现。与后来高度发展的海洋文明不同，当时的艺术创作更多源于先民的海洋生活，单纯而稚拙的艺术表现饱含他们对海洋生物的熟悉与热爱，以及对海洋的依赖与崇拜。这样的情结，在腓尼基人和克里特人的艺术作品中均可找寻到鲜明的痕迹。

《腓尼基舰队浮雕》

　　在亚述辛那赫里布王宫的建筑上曾保存有这样一幅浮雕装饰物，现在移居到了英国大不列颠博物馆。它诞生于公元前7世纪，以腓尼基舰队为主要表现内容而得名。浮雕中，作者用略显稚拙的手法雕刻出大小十几条军舰。双层桨位

《腓尼基舰队浮雕》

的划桨船航向不一，造型各异。长长的船桨拨动着海水，使畅游其间的海洋生物迷失了旅途。海龟、海蛇、海蟹、章鱼，还有许多不知名的海洋生物遍布其中，使整个浮雕看上去充满动感和生机。曾几何时，有着世界最著名航海家之称的腓尼基人，驾驶着狭长的船只，足迹遍及地中海的每一个角落。通过航海，精美的工艺品被大量远销国外。从这幅图上我们便可领略腓尼基人在造船方面的辉煌，由他们缔造的海洋文明由此可见一斑。

米诺斯宫的章鱼陶瓶

　　位于地中海北部的希腊第一大岛——克里特岛，有着"爱琴海最南面的皇冠"之美誉。这里曾是诸多希腊神话的发源地，如今宫殿遗址、壁画、雕像和特有的克里特陶器构成了该地区独特而玄秘的艺术气息。其中，诞生于公元前1 600年左右的章鱼陶瓶可谓米诺斯陶器

中的经典之作。先进的轮制技术，融入了作者造型美之构想，令人赞叹不已。"挺着椭圆形大肚子"的瓶体，拥有一对漂亮而精小的耳环，全身被一条大章鱼紧紧拥抱。只见章鱼双目圆瞪，富有弹性的粗壮触须肆意地缠绕、铺张。海带与珊瑚也不甘寂寞，潜身在章鱼身边的狭小空隙，各显身姿。乳白的底色，配以深红色的笔触，这件章鱼陶瓶堪称海洋艺术之精品。不难想象，这样瑰丽的器皿，在当时也只有宫廷里才能享用。

3.水墨丹青下的浩渺烟波——中国海洋国画艺术

走出西方绘画艺术的圣殿，让我们回归中国的水墨世界来感受中国传统国画艺术的博大精深。没有了丰富明亮的色彩，没有了逼真的人物塑像，这里的一切都是那么诗意、那么朦胧。这里虽没有古希腊神话的万般精彩，但民间传说在人们的口口相传中亦真亦幻。每一幅画卷，在画家细致的用笔下都散发着水墨的香气，不经意间融入画中的云雾，糅合出一抹人间仙境的色彩与气息。

中国国画艺术源远流长，水墨渲淡，脱彩留形，带给人们以幽远脱俗之感。于是，现身国画中的大海形象，也因此蒙上了一层超然的面纱。一座座群山在云雾环绕中若隐若现，唯有海浪流经的声音传递着那由上而下、一泻千里的存在感。把酒当歌，人生几何？

忘情于山水之间，是何等的逍遥与自在！在西方油画中，画家在描摹大海时，特别注重光与色彩的运用。浓重的油彩经调配比对，将大海的轮廓描绘得极为细致和传神。因此，他们画笔下的海景也更见写实之风采。相比之下，中国画家则对意境的渲染尤为注重。在中国国画中，画水的技法常以勾写烘染、留白写意而见长，即在无意雕琢之中，见水之自然显现。在这里，你很难见到大海的清晰轮廓，有时几笔勾勒的浪痕也只是轻描淡写般划过。但毋庸明示，山间大量的留白之处，你便能猜得那是海的所在。云山雾海，虚实相生，国画中的海景给人一种仙境之缥缈与梦幻。所谓"天地入心臆，物象由我裁"，画家绢素中的山海会是怎样的出神入化，又表达着画家怎样的理想与心境？带着疑问，让我们一同走入"画中之画"，倾听那来自山海的自然之声……

传说中的海上仙山——《丹山瀛海图》

《丹山瀛海图》元·王蒙 纸本 设色 28.5cm×80cm 现藏于上海博物馆

如果你前往上海博物馆，便会有幸一睹元代著名山水画家王蒙的名作《丹山瀛海图》。眼前，一望无际的东海，亲切地将群岛仙山拥揽于怀中。苍茫的海面上，几只帆船渐渐远去，视域所及之处，它即将变成渺小的一点。烟雾环绕之中，岛上重峦叠嶂，青松挺立。岛屿之间有长桥横卧相连。此时，一个模糊的身影悄然走入我们的视野。他骑马从桥上经过，身后的侍童正挑着担子缓缓随行。在这里，羽化成仙超乎世俗之外，琼楼玉宇深藏山林之间。一片浩渺无垠的海水，将仙境与凡世隔绝。潮涨潮落，日月交辉，好一片水墨山海，好一座人间仙境……

画中，王蒙用极为细密的画法勾勒出一片意境开阔的绮丽景色。画上自题"丹山瀛海图，香光居士王叔明画"，钤白文曰"黄鹤山樵"，卷后有明代项元汴题记。画作在绘画技巧上师承董源，缜密的披麻皴屈曲律动，峰顶密攒苔点，树木交织，其中使用了各种夹叶、勾叶、点叶等画法，杂而有序，极得荣茂之意。此画笔意繁缛灵活，可谓王蒙极为少见的一幅集大成之作。

把酒当歌，人生几何？——《海屋沾筹图》

烟雾缭绕，群山耸立。在犹如仙境的宫殿楼阁之上，一群人汇聚于此。他们高谈阔论，对樽畅饮。不知不觉，酒筹已被沾湿，笑声与歌声在山海间不绝回荡……这便是我国清代画家袁江的著名画作《海屋沾筹图》所描绘的场景。作为清代著名画家，袁江以善于描绘山水、楼阁而著称。他曾在雍正时期被召入宫廷，并封至祇侯。从眼前的这幅名画,我们便可见得其绘画之深厚功力。传说,海屋乃是堆存用于记录沧桑变化筹码的房间。筹,即为喝酒的筹码。"海屋沾筹",大概是说在浩瀚的大海之滨,一群人在宫殿的楼台之上畅饮大醉,甚至把酒筹都沾湿了。

你看那滚滚浪涛,仿佛从天上来,一泻而下。极远处,已

《海屋沾筹图》

分不清是云游山间,还是海涛波荡。青松、暮霭、浮云、楼台,所有的一切熔于一炉,构成了眼前这幅气势壮观的山海宏图。远山叠翠,峰峦起伏。画面中部,一座楼阁的构架清晰可见。它被碧松环抱,稳坐山间平台,鸟瞰身边呼啸而过的滚滚浪涛,笑迎来此赋诗作画的文人墨客。在袁江的笔墨之间,石壁虽未加苔点,却愈显坚硬。楼阁界画,周密而严谨。山石树木的皴擦点染颇具宋人笔意,勾勒精细,晕染雅逸,体现出画家极为高超的绘画技巧。

海风从蓬莱仙岛上吹来——《海上三山图》

《海上三山图》清·袁江 绢本 设色
568cm×413cm 现藏于南京博物馆

如果说在《海屋沾筹图》里,画家让我们体验了一次在海天之间把酒当歌的酣畅之感,那么这幅《海上三山图》则将我们进一步引领到仙山妙境,去一品云雾缭绕的海之韵味。人到晚年,他那挥洒了一生的笔墨,再次在纸上激情舞动起来。这一次,走进袁江画卷的风景,来自于传说中的蓬莱三山。

这是一片犹如仙境般的山海奇景。在一片浩渺无垠的海涛中,

耸立起几处奇峰,山色苍翠,挺拔而峻峭,显得格外雄险、气势磅礴。山间云雾缭绕处,亭台楼阁悠然林立。松柏与梅林相映,青鸟与海鸣互歌。相隔一海,奇峰只能与对岸的小岛遥遥相望,深情相视,却永远触不可及。雾气升腾于沧浪之上,所有的一切都若有若无、若隐若现,让人徘徊于梦境与现实之中,恍如隔世……

袁江的这幅《海上三山图》延承了他以往的绘画风格,精湛绚丽,浑朴有致,富丽堂皇,既保有前人的作画技法,又有所创新,加强了生活气息的描绘。据说他是跨越康熙、雍正、乾隆三朝,在楼阁山水画界中最为有名的画匠。这幅《海上三山图》无疑为这一美誉添一有力的佐证。

4. 波涛间的刀光剑影——画笔下的海战

千百年来,人类在海洋上驰骋、角逐、争霸、厮杀。从公元前的希波战争到 20 世纪 90 年代的海湾战争,从古代木质划桨战船的接舷战到现代新型导弹舰艇的电子对抗战,战火不断在大海上熊熊燃烧。浓艳的火红遇上大海深沉的墨蓝,演绎出一场场血雨腥风的海上大战。风浪中,刀光剑影交错闪现;波涛中,火炮导弹穿梭横行。攻守战和、兴亡更迭,大海见证了多少光荣的凯旋,又默记下多少亡者的灵魂。

环球万邦,史迹千载。历史上的几次著名海战不仅存活于史书之中,演绎在荧屏之上,更在艺术家的描刻下闪烁出历久弥新的深刻记忆。艺术的殿堂里,拉美西斯三世御驾千军万马,驰骋于哈布神殿的城墙之上;"梅特雷尔"号战舰拖着疲惫的身体缓缓入港,英军海战大捷的讯息随海风传来;切什梅港口上空,战船上的大火仍在燃烧,一直蔓延至艾瓦佐夫斯基的画布之上……多少年来,艺术家以其独有的艺术表现力展现着史上著名海战。紧张激烈的画面中,人与人、人与自然的矛盾被凸显放大,战争带给人类的灾难被全然揭示。历史的一幕幕再次上演,惊叹就在你的眼前!

燃烧的战场——《切什梅海战》

1770 年 7 月 6 日晚,爱琴海切什梅港口的宁静被一场战火打破。

俄军舰队在封锁全港的形势下，对龟缩于此的土耳其舰队展开了全面火攻。随着呼啸的海风，熊熊大火迅速蔓延，燃烧的飞烟与爆炸的巨响持续数小时。最后，俄军以11人死亡和6舰损失的轻微代价，取得了海战大捷。多年以后，一幅以展现当时海战盛况的画卷出现在世人面前。它就是俄国著名画家艾瓦佐夫斯基的世界海洋名画——《切什梅海战》。

《切什梅海战》

浓浓的夜色笼罩在海港上空，像一个沉默的看客在观望着这里刚刚发生的一切。微波起伏的海面上，被炮弹击中的舰船被火海包围，接连成一片火红。燃烧爆破的巨响，连同飞溅的金属碎片飞腾至上空。滚滚浓烟满载着橘红色调与暗紫色的夜色在半空对接，明暗对比处幻化出"夜幕中的白昼，海战里的交响"。透过火光，我们隐约听到舰艇上伤兵的呻吟声。坠落海中的士兵仍在奋力挣扎，从船上逃离的人们则在惊魂未定中匆匆前行，唯有飞扬的红色战旗留在原地，倔强而坚强。一轮明月当空高悬，用厚重的云层遮住了双眼，被刚刚结束的海上厮杀吓得魂飞魄散……

在《切什梅海战》中，艾瓦佐夫斯基将强烈的情感融入对海难这一题材的微妙处理，色调间的巧妙搭配体现出画家冷静的理性思索，让我们不得不折服于作品中那深刻的思想内涵和独特的艺术表达。同时，通过这部伟大的作品，我们也将历史上一场著名的海战铭记心中。

没有硝烟的战场——《凯旋》

没有战火纷飞的海战现场，也没有鲜花、美酒、夹道欢迎的人群。1848年，画家艾瓦佐夫斯基独辟蹊径，通过海面归来的战舰来表现战争胜利和高奏凯歌的主旋律。在这幅油画中，我们几乎找寻不到一点战争的影子，但画家巧妙地借助象征的表现手法，通过色彩的调配以及细节的刻画,将主题蕴含其中。

《凯旋》

你看那弥漫在画布四周的暗淡天空,升腾消失的战火已与云朵融为一体,毫无边际可寻。翻腾着波浪的海面上,一只巨大的战舰缓缓驶来,飞扬的红旗高唱着凯歌,高悬的风帆仍不舍降落。更远处,随行的船只也依依返航。从那依稀可见的战舰数量来看,刚刚结束的战事规模便可见一斑。画面右下角,一只渔船载着渔民行至战舰的不远处,对比之下,渔船显得格外单薄,似乎被这突然出现的庞然大物打乱了航线,停住了脚步。整幅画面色彩黯淡阴郁,象征着刚刚结束的战争中紧张而沉重的气氛。略带沧桑的基调,诉说了来之不易的胜利。艾瓦佐夫斯基用他那富于变化的艺术表现力,创作出一曲来自海上的"凯旋之歌"。

驶往工业文明的战舰——《战舰归航》

1805 年,一艘名为"梅特雷尔"号的帆船海战中得胜凯旋,威风凛凛。在刚刚结束的英法大战中,英国海军大败拿破仑舰队。立下赫赫战功的"梅特雷尔"号也满载荣光,在夕阳的映照下格外夺目。14 年后,风光依旧的"梅特雷尔"号"驶入"英国著名画家透纳的画布中,牵引出一段过往的峥嵘岁月……

《战舰归航》

夕阳西下,水天相接。在这里,阳光携手空气,在大自然的画布上肆意调换着色彩比例。而这一切，又被透纳敏锐地捕捉进自己的画作之中。整幅画面色彩缤纷，大片的白色云朵想要霸占整个天空，却不料还是被夕阳抓住了缝隙。露出的一隅，瞬间被点染成一片橙黄，普照在海面之上，魔幻般更换了大海原来的颜色。这时，作品的主角——"梅特雷尔"号被一只略小的蒸汽船牵引着，从画布左端缓缓驶来。当时，英国工业革命的第一声鸣笛已响彻全国。从这一大一小船只的身影中，我们仿佛感受到了当时工业革命的历史风采。人类工业文明的车轮向我们滚滚而来。此时此刻，那年海上飘过的战火已消散无踪，留下一片无言的风景定格在画中，流传至今……

5. 心随海动，帆影叠行——以海洋为"主角"的绘画

是那最初的一秒惊叹，燃烧起画家对于大海的深情眷恋；是那最后的一次回眸，记录下海洋于画家心底的永恒。无论是海上日升的雾中印象，还是海港日出的一抹晨曦；无论是帆影相随的紫色海浪，还是亚麻布上的蛋彩海滨，这里的一切都令人如痴如醉。

这是西方绘画大师眼中的"自然之海"，也是他们内心跃荡的"心之海洋"。一幅幅精美的海景画作，生动地展示了海上风光的迷人雅致，也透露了画家对海洋的深挚情感。不同的绘画风格，诉说着他们彼时的心绪：愉悦、忧伤、静怡抑或彷徨，你能感受得到吗？

或许你正遗憾于忘记了初见大海时那一秒的悸动与心跳，或许你还懊恼于未曾走近海洋一览海天一色的震撼之境，或许你还定格于大海在你心中那刻板而单一的形象。那么，请你调整好呼吸，随我一同走进海洋绘画的艺术殿堂，去领略莫奈画笔下的日出印象，去感受洛朗描绘的海港日出，去欣赏梵·高曾踏至的圣玛丽海滨，再去爱德华的海滨，嗅一嗅蛋彩的味道……这里没有烟火纷飞的战场，也没有暴风骤雨打乱和谐的氛围，偶尔闯入画中的身影，也甘愿作为大海的陪衬物。因为，在这里，大海是绝对的"主角"！

窗外的日出印象——《日出·印象》

1874 年的巴黎街头，人们都在热火朝天地谈论着刚刚结束的一个

画展。你从他们丰富而夸张的表情中便可猜出端倪，这里展出的绝非平常的艺术之作。没错！画展的发起者是一群年轻的"叛逆者"，展出的作品着色怪异、下笔粗放。他们不随时尚主流，绘画中既没有端庄的人物像，也没有宏伟的历史

《日出·印象》

场面，而仅仅以简朴的日常生活作为创作题材。更特别的是，画面中，你再也找寻不到那清晰的线条所描摹出的逼真轮廓，所有的意象都被蒙上了朦胧的面纱。这其中，尤以莫奈的《日出·印象》最具代表性。画中，他用大胆而凌乱的笔触展现了雾气交融的海上风景，无形之中留给观赏者一片朦胧的印象，一个伟大流派——"印象派"由此声名鹊起……这一天，法国的勒阿弗尔港从一夜的睡梦中醒来，却发现自己被浓浓的雾气笼罩着。面对四周美丽依旧的海景，她努力地睁了睁眼睛，想看清周围的一切。在蒙的视线里，海水被晨曦晕染成一片淡淡的灰紫色，天空则被各种色彩杂糅成片片微红。海浪似乎还没睡醒，安安静静。看那摇曳其中的船儿，载着勤劳的渔民已开始了一天的劳作。远方，工厂的烟囱、大船上的吊机，若隐若现……

你知道吗？当勒阿弗尔港专注于自身的欣赏时，莫奈正透过一扇小小的窗口，将这里的一切尽收眼底。寥寥数笔，雾中港口的风景便被迅速地移到了画布之上。瞬间的光与色，飞连成飘逸的运笔；看似调和还不怎么充分的配色，实则准确地再现了刚刚晨曦的色彩与海港的朦胧气氛。薄厚不一，长短各异，如同擦画笔那样涂抹出的凌乱笔触，在莫奈的调度下，竟然也能使海面水波轻荡，烟雾腾升。画中的一切都如此到位，如此真实，如此生动，仿佛是梦中之景，又像是景中之梦……

叫醒睡梦中的海港——《海港日出》

开阔的地平线，让海与天一线相隔，深情对望。它留给天空一大片舞台。在这里，海上日出的瑰丽一幕即将上演。澄明平和的天空，分撒下一片氤氲的气息。徐徐升起的太阳，不知何时从海底跃出，静悄悄地，已靠近了云霞的臂弯。那

《海港日出》

驶向远方的帆船，是否带上了人们的好奇，去探索大海那边的神秘？

拉近镜头，一幢罗马式的建筑从画幕右侧登上舞台，屹立于海滨的它，不知经历了多少流年。与建筑相对的是一艘巨大的船，帆布还未来得及展开、高悬。一面看似不起眼的小红旗抢了风头，在晨风的吹拂下正精神抖擞地飞扬着。不知道你是否也有同感，沉默静怡的海景唯有人影的闪现，才愈发充满生活的气息。看那处于逆光中的海岸上，人们正忙碌着起航前的种种，被笼罩在一片金色的晨曦中。海空一色，宁静怡美，你是否已被这画面中的一切陶醉了呢？

这幅《海港日出》出自法国著名印象派画家欧内斯特·洛朗之手。在他的画布上，古典风景画的余姿已基本褪去，取而代之的是一种将人文思想之光芒融进自然景观、以表现大自然诗情画意为主的新画风。在这里，光线的瞬间变化与糅合，被洛朗把握得恰到好处，从而使整幅画卷达到一种澄净和谐的境界。因此在西方，欧内斯特·洛朗享有"出色描绘日出日落的杰出风景画家"之美誉。19世纪画家康斯太勃尔也感叹道："迄今洛朗仍被认为是最完美的风景画家，他当之无愧！"

亚麻布上的蛋彩海洋——《海滨》

第一次世界大战期间，他曾参加英国皇家海军，负责掩护船只的彩绘工作。这段难忘的军旅经历激发了他对海洋和船只的无比热爱。

后来,脱下戎装的他拿起了画笔,将脑海中的大海印象一一画下。于是,在海洋题材的绘画艺术宝库中,又多了一种风格、一道风景。这位画家就是英国的瓦兹渥斯·爱德华。

1937年,爱德华将海滨之景搬移到了一块

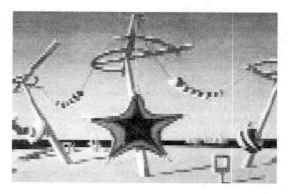

《海滨》

小小的麻布之上。他以蛋彩着墨作画,古老的调色方式跨越历史时空,显得更加富有生机。每一个微小的细节,都有过细腻的雕琢;每一抹别异的用色,都渗透着画家独有的艺术感知。这些由他本人亲自调制的蛋彩,在调色盘中光鲜夺目,散发着缕缕蛋香。

这边,我们还在专注地观察着爱德华作画时的神态,而画板的那一面,一幅描绘海滨的画作已基本成型。你看,画面上,三根棕粉色的立柱用一条缆绳紧密地连接在一起。轮胎、浮球、船舵、桅杆、风帆等航海物件汇集在沙滩上,犹如浮雕一般。由它们构成的怪异的几何图形,赋予欣赏者一种超乎一般静物的欣赏情趣。在这里,金黄的沙滩、蔚蓝的大海、白色的风帆与淡蓝色的天空遥相辉映,棕粉色的船舶物件与墨绿色的海星传递温情。出人意料的排列方式配以高度的明晰感,给人以色彩丰富而又简约大方的印象,渗透出一种生命的活力与激情。

二、海洋音乐

遥远的渔歌飘然入耳,带我们进入了一片充盈着海洋旋律的天堂。从劳动中来,人们有了对大海最初的歌唱,伴随我们成长。而那些诞生于五线谱和各种乐器的交响之音,将海洋的万般声响发挥得淋漓尽致。现在,请你听一曲动人的旋律,这是有关大海的歌,写满了记忆与眷恋的歌……

1. 从劳动中来——那些古老而悠远的旋律

是谁创作出最早的旋律？又是谁吟唱出第一首关于大海的歌？我们永远无从得知，可我们相信，那一定是劳动人民发自心底的声音，表达着他们彼时彼刻最为真切的感受——欢乐抑或悲伤。

如那淡远而缥缈的钟响，人类最初的船歌已随时光飞逝远离耳畔。寻觅——乘一叶扁舟，到每一处海滨，去找回那悠远动人的旋律。汽笛长鸣，让我们展开双臂，乘风起航，去踏一踏顽皮的浪花，去听一听渔民的歌声……从遥远的地中海走来，跨越漫长的历史虹桥，我们来到了祖国的沿海之滨，一路航行，淡淡的浪痕里洒下渔歌一串。不同地域飘荡着不同旋律，但他们都在同唱一首"海上劳动之歌"。无论是激流中接近呐喊的劳动号子，还是平缓中显见柔情的渔歌小调，那些或激越或柔缓、或粗犷或绵长的曲调，诉说着海滨劳动生活的欢喜与艰辛。听，渔歌唱晚，响穷大海之滨；听，这是来自劳动的歌声，质朴、简约，却声声传情、串串悦耳……

东海飞扬的串串音符——舟山渔歌

我们可以想象，伴随古代先民第一次踏上这群岛的那一刻起，一幅壮阔的海洋生活图景便缓缓打开了。渐渐地，人类的海上劳动将它由一片空白涂抹上一层丰富的色彩，直到今天的满目绚烂与繁盛。而在此期间，海洋音乐的萌芽也悄悄地破土而生。它不仅是古代航海者对美的追求，也是航海、渔猎等活动的必需。你听那划船荡桨时协调水手节奏的号子，还有那陶冶性情，以使渔民在繁重的劳作下获得休息与娱乐的海上船歌，不都是人类早期的海洋音乐作品吗？海风送爽，船旗挥扬。荡气悠远的古港渔歌，婉转千年的漓漓美调，在这里诉说着久远的地域海洋文化。

舟山渔船

日升而作，日落而息。这里的渔民世代与大海为伴，在长期艰苦的涉渔生产与生活中，他们因渔而喜、因渔而泣，同样也因渔而歌、因渔而和。这里就是素有"东海鱼仓"之美誉的舟山群岛。有一种流传广泛而动听的歌声在群岛海滨四处回荡，它的名字叫——"舟山渔歌"。

作为一种反映当地渔作图景的艺术形式，舟山渔歌在人们的世代传唱中，逐渐形成了自己的鲜明特色：自由的诗歌形式使歌词的表达毫无拘泥；歌咏化的生活语言，使没文化的老伯也能唱得极为动听；而率真的歌唱内容则与实际的海上生活紧密相连，丝毫不见矫揉造作之势。激流中，海波上，沙滩边，渔船里，处处飘扬着渔民质朴的歌声。不同的风格与旋律交织变奏，汇成一首荡气回肠的渔歌交响。诞生于渔民集体性捕鱼的生产当中，一种劳动歌谣——渔歌号子简洁明快，节奏铿锵。在反复呐喊的旋律中，人们动作一致，一气呵成。而借用民间小调的吟咏形式，将渔业知识融入其中的渔歌小调，则唱出了渔业生活的无限美好，闪烁着渔民的聪明才智和幸福点滴……

这是世代渔民用一种浓烈的艺术方式来表达对生活的热爱：以渔业劳动改编的《晒鱼鲞》等说唱，洋溢出满怀的激情；以渔歌号子为背景的音乐，让你领略热烈的情怀；激越的锣鼓声，传达出欢乐壮观的场景；浓烈的艺术气息，表现着人们对渔村生活的无比热恋。

地中海上的隆隆震鼓——腓尼基、古埃及鼓手艺术

埃及船

大约在公元前 1200 至公元前 350 年前后，美丽的地中海曾是腓尼基人逐浪弄潮的天下。他们曾是一批最勇敢的航海家，伴随发达的商业贸易，他们的足迹遍布地中海的第一个角落。后来，雄心勃勃的腓尼基人甚至穿过直布罗陀海峡，驶入了大西洋。这个名噪一时的强悍民族，不仅让地中海地

域特产在各地流传、散播，不仅创造了高度文明的腓尼基字母，更有一个不为人知的小成就，那就是来自大海之上发自船舟中的点点鼓鸣。正是这个声响，激发了船员的斗志，也萌生了大海乐章的第一个节奏、第一次清响。

纵横于海浪之上、装载他们的战船船舷两侧坐满了水手。他们皮肤黑红，被海风长期吹拂的脸上鲜有容光。强健突出的肌肉，是他们日夜劳动的明证。你看，在一望无际的大海之上，他们有节奏地划动船桨，破浪而行。遥远的航程，恶劣

埃及鼓手

的天气，是什么让这些多达数十名的水手动作一致，划桨前行呢？是鼓声！你知道吗，在腓尼基船上，有个专门敲鼓的人，他就是司鼓者。如同今天乐队里的指挥员挥舞着小棒，便能统领全体成员完成一曲完美和谐的乐章，腓尼基司鼓者以低沉的、有节奏的鼓点来号令全船。伴随着鼓声的指挥，船员们精神专注，动作整齐划一。在大家的通力合作下，船桨划动的频率大大加快了。后来，船上的鼓声逐渐被船员口中的呐喊淹没，于是有了日后发展演变而来的渔船号子。

其实，在古埃及的海船上，也有类似的情况。一些学者甚至考证出埃及水手在鼓声指挥下划桨的频率是每分钟26次。随着鼓声，水手们低哑的劳动号子便会在海上响起。人类学者揣测：这类歌曲的内容肯定与"他们的生存环境、生产生活方式及宗教信仰有关"。事实上，这种充满海洋气息的歌声直到蒸汽时代到来的前夜，一直荡响在以帆桨为动力的海洋船舶上。那些从事繁重体力的水手们，唱着它升帆、拉缆、起锚，以至于这种节奏和旋律具有鲜明特点的"海上船歌"成了一种固定的音乐形式，从此流传开去、世代相传。

2. 大海啊，故乡——那些伴随我们成长的歌声

忘了是什么时候，第一次听到有关大海的歌。那些或婉转悠扬、或铿锵有力的旋律每每响起，心情总会随之波动起伏，如那海的波浪，起起落落之间，总能牵扯出一丝对过往的追忆。这些"以海为名"的旋律中，隐藏着歌者对大海的深情歌咏。她时而扮演温柔伟大的母亲，时而又化身饱尝风雨的恋人。她有时安安静静，不忍吵醒那入睡的人儿；有时却又格外喧闹，试图驱赶歌者内心的悲伤……

那些咿呀学语的日子里，这些大海的歌声，是母亲口中动听的音符，飞扬在梦乡之中；长大后，随着时光流逝和阅历的积累，同样的旋律似乎增添了一些味道。从小小的卡式录音带，到薄薄的光碟，再到今天 MP3 等各种小巧的音乐播放器，这些歌唱大海的金色旋律，陪伴我们一路成长——从懵懂无知到年少轻狂。如今，让我们再次回味这些经典的老歌，铭记我们正在逝去或已经逝去的青春岁月。

《大海啊，故乡》

"小时候，妈妈对我讲，大海，就是我故乡。海边出生，海里成长。大海啊，大海！是我生活的地方，海风吹，海浪涌，随我漂流四方……"

20 世纪 80 年代初期，伴随影片《大海的呼唤》在全国放映，一首歌咏大海的歌唱遍大江南北。作为影片的主题曲，《大海啊，故乡》表达了主人公海员们对大海、对故乡、对母亲的深挚情怀。音乐通俗易懂，格调高雅，动听的旋律之中融入了歌者最为真挚的情感。歌词从"小时候妈妈对我讲"开始，娓娓道来，仿佛是在讲述童年往昔的一抹回忆。而歌中的大海犹如母亲一般，温柔，亲切，常伴左右……

1983 年，曾任我国电影乐团团长的著名作曲家王立平老师创作了这首脍炙人口的抒情

作曲家王立平

歌曲。他将流畅舒展的优美旋律融进简洁的歌曲结构当中,除去反复歌咏的部分,整首歌曲前后只由四个乐句构成。前两句侧重叙事,乐句朴实无华;后两句则侧重抒情,表达了主人翁对大海故乡的情深意长。灯光璀璨的舞台上,著名歌唱家朱明瑛和郑绪岚都曾唱过这首歌,而歌声飘过的 30 年里,这悠扬的旋律曾为更多歌者传唱,留存于我们的心间……

《军港之夜》

　　1980 年秋天,由《北京晚报》等单位联合举办的"新星音乐会"在众人的翘首期待下拉开了帷幕。青年歌手们略带青涩地走上舞台,串串歌声飞扬于舞台上空,婉转而悠扬。其中,来自海政文工团的青年歌手苏小明,以一曲《军港之夜》博得了大家雷鸣般的掌声。

　　这是一首写给海军官兵的歌。歌曲中间,一段朗诵式的念白衔接歌曲的上下两节,形式新颖,感情细腻。你看,温柔的夜幕降临到宁静的海港之上,月光普照的海面,微微泛起的浪花轻声细语,不忍吵醒刚刚入睡的水兵们。优美的曲调,配以情真质朴的歌词,在苏小明深沉含蓄的演唱下,听众不觉陶醉其中,被歌声引领进一片夜色恬静的军港。那里有可爱的水兵,有温情的大海,有轻轻的呼吸和甜美的微笑。

《东方之珠》

　　1984 年 12 月 19 日,是所有中国人永远铭记于心的日子。这一天,中英双方正式签订了《中英联合声明》。香港,终于看到了回归祖国的曙光。也就在这一年,来自宝岛台湾,有着"华语流行乐教父"之称的罗大佑有感而发,带着他的一曲苍凉深重、高贵大气的《东方之珠》,走进了人们的视线。

罗大佑

1991 年，这首歌在罗大佑于原有曲调的基础上重新填词后，作为《皇后大道东》整张专辑的最后一曲，亮相华语乐坛。《东方之珠》寓意深远，回味无穷，歌曲在许多歌手的共同演唱下，更加弥漫着一种浪漫情怀。其实，最为我们熟悉的，要数在 1997 年香港回归之际，由大陆歌手那英和香港歌手刘德华合唱的版本。当时身在远方的我们，很少有人知道那天晚上在香江之滨的盛况。在交接仪式结束后，香港举行了有史以来最大的电视卡拉 OK，数百万人民同时跟着电视合唱这首《东方之珠》。你能想象出那万人空巷、普天同唱一首歌的情境吗？优美舒展的旋律，深情凝重的歌词，共同编织成一首献给香港回归的歌。在这里，屹立海滨、历经风雨沧桑的香港，在罗大佑的描绘下，化身为一个惹人疼惜的恋人。歌中既有对她往昔坎坷岁月的追忆，也有对今日风采亮丽之赞叹，更有对她海枯石烂般不朽的誓言。《东方之珠》，带着一丝伤感与忧郁，跨越历史的浩渺时空，赋予人们一种强烈的情感体验。它一唱三叹，感人至深，成为 20 世纪 90 年代后期华语地区广为传唱的经典旋律。

《大海》

1986 年 7 月 6 日，一场意外让年轻的张雨生痛彻心扉。这一天，他年仅 15 岁的妹妹不幸溺水身亡。这时，一首创作完成的《大海》送至他的面前。为了表达对妹妹的思念，他毅然地接下了这首歌。从那一刻起，这首《大海》便在全国各地传唱开来，成为 80 后一代人共同的青涩记忆。

张雨生《大海》的专辑封面

歌曲感情真挚，旋律起伏跌宕。前半节平缓的曲调中，我们仿佛看到一个心绪重重的孤独身影在大海边徘徊。潮来潮去，浪涌浪回，唯有身边的大海与之为伴，倾听歌者的心语。高潮部分，曲调陡然上升，激情澎湃。歌者压抑已久的情感一时间全然释放,与激情涌动的大海合奏共鸣。反复回荡的节奏中,萦绕着挥之不去的思念与哀愁。而张雨生开阔嘹亮的音域,加上他彼时的心境,则为这首歌曲做出了最好诠释。

《水手》

1992年,一位身残志坚的歌手,带着他那首铿锵有力的歌曲《水手》走上舞台,从闯入人们视线的那一刻起,他以神奇的速度,创造了海峡两岸普天同唱的奇迹。出自于《私房歌》这一专辑,歌曲《水手》以浓重的社会反思和励志色彩,博得了广大听众的喜爱。20年来,这首《水手》被当之无愧地列为"最流行的励志歌曲之一"。歌词中的主人公每当失落迷茫时,总有水手的话浮现于脑海。"他说风雨中,这点痛算什么,擦干泪不要怕,至少我们还有梦;

郑智化

他说风雨中,这点痛算什么,擦干泪,不要问为什么……"正是这几句反复歌唱的话,让一代又一代面对挫折的人们看到了希望的曙光,找到了坚韧的力量。

其实,说起这首歌的由来还是很特别的。那是在一个下雨的日子里,躺在浴缸中的郑智化望着窗外风雨,忽然有感而发。躺在浴缸中,就如同置身于茫茫大海中的一只小船,而那漂泊荡漾、前途未卜的感觉,就像这无奈而真实的人生,何尝不是一种选择、一种博弈呢?对于当时根本不懂音乐的郑智化来说,写歌只是一种真情实感的自然流露。或许也正因如此,这首《水手》才更具一种震撼人心的力量吧!

三、海洋建筑

古往今来,靠近大海的地方,总会有人们逐水而居、拓荒建屋的痕迹。从那一刻开始,海洋建筑艺术的萌芽便悄然而生。从荒无人烟的一汪水滩,到如今面海而立的瑰丽建筑,岁月的痕迹融入滚滚潮声,洗刷着大自然的容颜,也见证着人类建筑"艺术的创造"。

1. 逐水而居的脚印——水中建筑·海上天堂

从明天起,做一个幸福的人,喂马,劈柴,周游世界,我有一所房子,面朝大海,春暖花开。

——海子《面朝大海,春暖花开》

海子一首动人的诗,道尽了海边生活的无限美好。古往今来,靠近大海的地方,总会有人们逐水而居、拓荒建屋的痕迹。而在此过程中,人类与海洋的关系,也在悄然发生着变化。从最初的敬畏崇拜,到简单的认识利用,再到如今的和谐共荣,每一步,人类都走得坚实有力,也走得诗意盎然。

现在,让我们跟随先人的步伐,到大海亲吻陆地的地方——那里有贯穿全城的海波荡漾,有数以万计的木桩在水底潜伏,更有蓝白相间的梦幻房屋在峭壁上惬意地晒着阳光。一路欣赏,一路陶醉,还等什么?带上笔记本和相机,启程吧……

水上之城——威尼斯

在意大利东北部、亚得里亚海海湾西北岸,坐落着一座美丽的海滨城市。从飞机上俯瞰全城,它恰似一只灵动的海豚,浮卧于地中海蔚蓝色的海波之中。在不到 7.8 平方千米的疆域内,118 个小岛星罗点缀,共同组成了这个饮誉世界的"水上都市"——威尼斯。

作为一座魅力水城,威尼斯的房屋建筑与桥梁设计都与水有着千丝万缕的联系。177 条水道,如蛛网般密布城市中间,延伸出独具特色的"水上

威尼斯

长廊"和"水中街巷"。穿梭于水巷的小小船只，熟悉这里的每一处建筑、每一座桥梁，以及藏在它们身后的古老传说……水巷蜿蜒，清波流动。如果说"水"勾勒出威尼斯的万种风情，那么，这些"漂浮在水中"的房屋，便是这座城市富有传奇色彩的不老传说。威尼斯整个城市的建筑，是靠那些打

贡多拉

入水底泥土中的巨大木桩做地基，然后铺上木板，最后搭盖而成。根根紧挨的木桩，牢固地"扎身"于海水深厚的淤泥之中，一待就是上千年。据说当年建造威尼斯城时，意大利北部的森林全部被砍伐殆尽。难怪有人说"威尼斯城上面是石头，下面是森林"。看到这里，你可能会质疑，难道水下的木头不会腐烂吗？考古学家的一次发现会打消你的疑虑。在挖掘马可·波罗的故居时，人们发现挖出的木头坚硬如铁，出水后遇到空气才开始氧化腐朽。因此，威尼斯长期潜身水下的木桩不但不易腐朽，反而会愈久弥坚。

　　乘坐威尼斯独具特色的"贡多拉"，穿梭于水巷海波之中，可以慢慢品味这座水上都市的丰厚底蕴和艺术气息。凤凰歌剧院在那场历史的大火中"涅槃重生"；圣马可广场容光焕发，向世人展现着"欧洲最美丽的客厅"；回廊林立，美得令人窒息；而文艺复兴时期威尼斯画派的名作历经千载风霜，仍熠熠生辉……这是一座由海而生、依海而建的魅力水都，这里有说不尽的故事和品不完的美景。唯有那些沿岸站立的宫殿、豪宅和教堂，见证了威尼斯古往今来的细水长流。在这里，每一处风景都与海相伴，因为，海洋的气息已深深感染了整座城市的灵魂……

木桩上的城市——阿姆斯特丹

　　很久很久以前，这里曾是大西洋东岸的一片沼泽地。水波荡漾，

草长莺飞。上个千年之初，一些冒险者乘坐由原木挖空造就的小船，从阿姆斯特尔河顺流而下，并在河周围的沼泽湿地之外修建了堤坝，"阿姆斯特丹"由此得名，并于 1275 年 10 月 27 日正式载入史册。从了无人烟的一汪湿地，到阿姆斯

阿姆斯特丹郊区

特尔河畔安静的海湾渔村，再到如今盛世繁华的水上都市，阿姆斯特丹人向一度敬畏不已的大海一步步迈进。为了在这片海边胜地驻足扎根、繁衍生息，聪明而又顽强的他们，从很远的地方挑来泥土填在沼泽地里，又从几百里之遥的莱茵河畔，采来不易腐烂的云杉做成木桩，打入水底。不要小瞧这些看似单薄的木桩，庞大而紧凑的阵容会形成一种巨大的凝聚力，在此基础上搭建的房屋，是再结实不过的了。伴随根根木桩的铺垫，幢幢小楼拔地而起，于是一个新的城市悄然诞生了……

1648 年，国王宫殿在 13 659 根木桩上壮丽崛起，历经 300 多年的风吹雨打，这座雄伟华丽的建筑仍岿然不动，毫无任何下陷的痕迹，被人们称作"建筑史上的八大奇迹之一"。1881 年，在 8 687 根木桩上，人们又建起了宏大的火车总站，新哥特式的建筑风格闪动着百年来这座老城的浮光掠影，车水马龙，人流如织，不减当年中心之繁华。4 年后，人们的创举又一次刷新了纪录。他们打下近万根木桩，建起了大型的莱克斯博物馆。伦勃朗等著名画家的画作及雕塑等历代珍品于此安家落户，欣欣然接受着来自世界各地前来参观者的赞美之词。正是凭借这种锲而不舍、拼搏不息的精神，阿姆斯特丹人硬是在木桩上建起了一栋又一栋不可思议的楼房，架起了一座又一座美轮美奂的桥梁。平均地势低于海平面 1～5 米的阿姆斯特丹，如今桥梁交错、河渠纵横。160 多条水道萦绕街巷，2 万余家"船屋"停泊河面，1 000 多架桥梁将两岸风光紧紧相连。乘船沿市内运河缓缓前

行,两边的景色如水墨画般渐次展开。宏伟醒目的宫殿、法国花园式的二层小楼、具有文艺复兴风格的教堂等建筑排队相迎,以其独特的韵味展示着各自的风姿。与风采多姿的楼房相互辉映的,是那些造型各异、横卧于水波之上的桥梁,如一弯新月倒挂碧波之中,如一道彩虹横卧清涟之上,如一幅雕刻镶在河岸之间,如一条丝带装点河岸之隙……

这是一座人水相依的梦幻城市,世世代代的阿姆斯特丹人在这片大海之滨,留下了逐水而居、填海造陆的历史足印。这座建于"木桩上的城市",以其独特的海洋文化气息,让你记住了荷兰——这个不光有郁金香和风车的海滨国度……

迷失在爱琴海的蔚蓝深处——希腊圣托里尼

在希腊大陆东南200千米的爱琴海上,由一群火山组成的岛环,宛如一钩新月"映照"在蔚蓝的海波之中。岛环中最大的一个岛——圣托里尼岛,曾是柏拉图笔下描述的自由之地。这里有世界上最美的日落,最壮阔的海景。蓝白相间的色彩天地,吸引了无数艺术家来此汇集。一尘不染的纯白与沁人心脾的海蓝,在此深情相拥,构成了一片童话般的人间天堂。历史上,这个宁静的小岛曾多次遭遇火山爆发的洗礼。其中,公元前1500年的一次爆发最为严重,大自然巨大的威力在这个原本呈圆形的岛屿上留下了一道永恒的"残缺之美"。相传,亚特兰蒂斯文明便是在那时陨落消逝的。多少年来,人们跟随海洋的潮声一路走来,在火山平息的陡崖峭壁上建起了自己的房屋。纯白色的建筑,闪烁着传统的洞穴式风格的建筑遗风,成片成片地点缀在崖壁之上,与眼前爱琴海的旖旎风光遥遥对望。

希腊圣托里尼

或许，再也没有一个地方，能够像圣托里尼一样美得纯粹，美得会令人迷失自我。它把海的呼吸融入自己的灵魂深处。别致的栅栏，玲珑的门窗，神圣的钟楼圆顶，全被涂抹上了大海的颜色，而漫山纯白的色调更是将海与天空映照得更加光鲜夺目，让幻想家从此相信："这个世界上总会有那么一个地方，甚至可以收容白云飘浮的梦想……"

2. 与海交织的建筑奇迹

不知从何时起，一望无际的大海之滨，开始有了人类房屋的身影。从荒无人烟的一汪水滩，到出现星星点点的渔屋，再到如今面海而立的高楼大厦，岁月的痕迹融入滚滚潮声，洗刷着大自然的容颜，也见证着人类建筑"艺术的创造"……

从悉尼歌剧院，到马拉帕特别墅；从蓬莱避风亭，再到迪拜帆船酒店，人类逐水而居的脚印，被一个个海滨奇迹一一覆盖。背上行囊，到海边去，让心随大海的律动尽情飞翔，看那人类的建筑奇迹如何与海洋紧紧相拥，看在大海的映衬下，自然与人类是如何共同构筑一片人间天堂……

海边大贝壳——悉尼歌剧院

在澳大利亚西南威尔士州的贝尼朗岬角上，一个造型独特的庞大建筑群落横卧于大海之滨。它三面环海，南端与室内植物园和政府大厦遥遥相望，背后则倚靠着世界著名的悉尼海港大桥，如一组蓄势待发、扬帆出海的舰队，又像是一枚枚扎

悉尼歌剧院

身海滩的洁白贝壳。这就是闻名于世的悉尼歌剧院。它造型新颖、雄伟瑰丽，与身边的海上风光浑然一体，如诗如画。

无论是帆船、贝壳还是传说中的橘子，悉尼歌剧院的外形总能给人以无限遐想。明快的立体感，加上易于联想到的海洋元素，为这个建筑界的经典之作涂抹上一片浓郁的海之韵、海之情。

作为悉尼市的标志性建筑，悉尼歌剧院不仅堪称 20 世纪最具特色的建筑之一，它还是一座世界著名的表演艺术圣殿。剧院内部主要由两个主厅，一些小型剧院、演出厅及其他附属设施组成。两大主厅，身处较大的帆形结构内，而小演出厅则屈身于底部的基座内。其中，最大的主厅是可容纳 2 500 余人的音乐厅。在它的正前方，一个堪称世界最大的机械木连杆风琴尤为引人注目。据说该琴由 10 500 个风管组成，由澳洲艺术家罗纳德·夏普设计并建造而成，可谓奇迹中的奇迹、艺术中的艺术。每年，来自全球各地的顶尖艺术团和杰出表演艺术家在这里登台亮相。完善的剧院设施，绝佳的舞台效果带给观众以非凡的视听感受。

如今的悉尼歌剧院，俨然已成为整座城市的灵魂。无论在清晨、黄昏还是迷人的月光下，这片濒临大海的奇特建筑群落，无时无刻不以它百变而迷人的姿态迎接着八方来客。它坐拥一汪碧蓝，倾听来自海上温柔的涛声；它独享一片天地，欣赏来自高雅艺术的悠扬乐章。

仙山上的避风之所——蓬莱避风亭

在蓬莱城北的丹崖山上，有一座临海远眺的建筑群落——蓬莱阁。每当海上迷雾缭绕，这里仿佛人间仙境一般。亭台楼阁恍如隔世，点点钟鸣似真似幻。这里不仅有秦始皇访仙求药的历史故事、八仙过海的神话传说，还有一个不大显眼的小小亭堂，散发着它久远而神秘的味道……

蓬莱避风亭

避风亭位于蓬莱阁西部，属轩亭建筑，原名海市亭或避风阁。明正德八年（1513）由知府严泰修建而成。该亭三面无窗，仅在面向大海的一面敞开一道门。从外观上看去，我们并未发现什么特别之处，但如果你就此漠然从它身前经过，便失去了一次见证奇迹的机会。

当海风从海面呼啸而来，在室内点燃一根蜡烛，你会惊奇地发现如此狂风鼎沸之时，屋内的烛光居然能纹丝不动。甚至有人进一步做了测试：在亭内，火柴点燃后火苗依然，抛出的纸屑可以原地下落。而转移到室外，纸屑立即随风飞扬，不知去向。这个试验屡试不爽，实为蓬莱阁之一大奇观。

神奇的避风亭一直被人们传说是有一颗"避风珠"在庇佑。其实，经科学考察，这里的秘密早已昭然大白。原来，在亭门前几米处有一个弧形的短墙遮护亭身。海风依崖吹来，形成一股强大的上冲气流，使风直接越亭而过。亭无南窗，恰好形成一个气流死角，所以有了令人惊异的避风效果。避风亭实际上是人工建筑与自然环境的一种巧妙结合，这一设计独具匠心，在建筑学上具有很高的研究价值。如今走进这间亭堂，挂满墙壁的名人真迹，弥漫着一种来自古典书法艺术的浓郁气息。其中，有明代袁可立的观海市诗，董其昌代书和温如玉刻石，珠联璧合，堪称三绝；还有清代施闰章、孔继涑等手迹，均为十分珍贵的墨宝。

小小避风亭，道不尽人间万般神奇。在大自然的拨弄下，千里风尘在此沉淀，万里海波于此轻吟。这便是人与海洋的默契，建筑与自然的佳话……

大漠与海洋间的白色风帆——迪拜伯瓷酒店

听惯了五星级酒店的称谓，如果此时有人告诉你有一个七星级的超级豪华酒店存在于世，你敢相信吗？那是多少人梦寐以求的地方，人活一世，若赐你黄粱一梦，不如到这里享受一番吧！

谈笑之余，我要告诉你一个真实的奇迹：在阿联酋迪拜离海岸线280米处的人工岛上，矗立着一个形似帆船的高大建筑，其内部的奢华程度令人难以想象，它就是闻名全球的迪拜伯瓷酒店。

1994年，迪拜——这个因拥有丰富石油资源而无比富庶的城市，拥有了又一个傲视全球的谈资。1989年，在王储阿勒马克图姆的提议之下，建设一个像悉尼歌剧院、法国埃菲尔铁塔式的地标性建筑构想初见端倪。从此，在阿拉伯海填造人工岛，然后以此为基础建造酒店的巨大工程稳步展开。

迪拜伯瓷酒店

历时5年时间，一座由英国设计师阿特金斯设计、阿勒马克图姆投资兴建的帆形建筑——迪拜伯瓷酒店，在阿拉伯海岸拔地而起，令人叹为观止。

伯瓷酒店，又名迪拜帆船酒店，因其外形形似扬帆起航的帆船而得名。与外表一袭清纯的白色外衣不同，酒店内部极尽奢华。走进酒店的那刻，想必你会一时忘记了呼吸。这里的每一处细节都金光灿灿。据说，当年光是内部装修就耗费了30吨黄金，可谓名副其实的"金碧辉煌"。双层膜结构的建筑形式，使造型显得轻盈而飘逸，散发出强烈的现代艺术气息。此外，你也可以来到专设机场的酒店第28层，从那里乘直升机，花15分钟便可享受"空中俯瞰迪拜全景"的乐趣。欣赏了空中美景，你一定还想知道海底的神奇。那么，乘坐潜水艇到海鲜餐厅，大饱眼福吧！短短3分钟，在沿途鲜艳夺目的热带鱼的陪伴下，不觉之中，你已进入了一个神奇的海底世界。安坐在舒适的餐椅上，环顾四周的玻璃窗外，珊瑚、海星、海鱼所构成的流动风景，使整顿盛宴愈加"秀色可餐"……

四、海洋影视

这里有史上最美的海洋记录，有最为沉痛的海难现场，有挥之不去的战火浮云，还有深入内心的童年记忆。如果你热爱电影，迷恋镜头的流动所带来的惊喜与感动，那么，接下来的精彩一定会在某一处叩响你的心扉，触动你的泪腺……

1. 银幕上硝烟弥漫的大海和永恒的海难瞬间

这是一片走进银幕当中的战火硝烟，它们无情地在大海上一路蔓延，让整片天空都写满了悲壮与沧桑。从 1895 年的中日甲午战争，到第二次世界大战的全面爆发，人类侵略、征服的脚步从未停滞。从陆地再到海洋，充满血腥与罪恶的战场无限延展，这让本该美丽而平静的海面从此卷入一场浩劫。战争与和平，是电影导演历来关注的一个话题。在这些以海战为题材的影片中，逼真的现场带给我们以非同一般的震撼。这里有着对人性之恶的审视与反思，有着战争交织爱情的荡气回肠，有着对爱国主义情怀的歌颂，也有着对世界永久和平的呼唤……

海战变奏——《甲午风云》

一首老歌、一部经典的影片，总能引起我们对往昔的无限回味。那些飞散已逝的漫天硝烟，那场炮火连绵的海上激战，那位名垂青古的民族英雄，随着一部诞生于中国 20 世纪 60 年代的老电影《甲午风云》，一一回放在我们眼前。看，一段写满沧桑的历史片段，终于重现于银幕……

阴沉的天空下，一片死气沉沉的大海见证了这里的一切：海风将硝烟吹连成昏暗的一片。海上炮火轰鸣，激起高达数米的浪花。就在双方激战时，贪生怕死的北洋水师右翼总兵刘步蟾却故意打错旗号，致使北洋舰队旗舰被日军击沉大海。此时，邓世昌不卑不弃，率领"致远"号全体官兵继续英勇作战，与敌人抗争到底。随着一声巨响，日军一艘战舰被击沉覆灭。战事愈打愈烈，可此时我方弹药已绝，就在这生死攸关的一刻，邓世昌决定直接用自舰之身躯撞击敌方旗舰，不幸被鱼雷击中，全舰官兵以身殉国……这一曲"悲壮的海战之歌"来自影片《甲午风云》的精彩片段。它

刘公岛甲午战争博物馆

是我们爷爷辈的老人们在年轻时观看的一部电影。此片拍摄于 1960年，由长春电影制片厂出品，林农导演，两年后正式在全国上映。这样一部经典之作在当时可以算是一部大投资、大制作的电影巨作。与此同时，演员阵容也是超级强大。这些在现在的我们看来已渐陌生的面孔，在当时可是爷爷奶奶心中的"偶像"。尤其是邓世昌的扮演者李默然，他以敦厚伟岸的外形、深沉而刚毅的气质、纯熟而富于激情的演技，让一代英杰邓世昌的形象深入人心。

　　影片《甲午风云》诞生于新中国成立以来的第二个电影创作高潮，真实生动地再现了 19 世纪末，中日甲午战争中丰岛、黄海两次海战，场面浩大，气势恢宏，一段本属于暗淡的屈辱历史，在这里被塑造成一个鲜亮的艺术经典。1983 年，这部影片博得远在欧洲大陆评委们的芳心，在葡萄牙第 12 届菲格拉达福兹国际电影节上荣获评委奖。

　　荣誉的光环下是电影留给我们的长久震撼与历史反思，难忘那场布满炮火与硝烟的战场，难忘那段铭记史册的悲壮之歌，难忘那些视死如归、英勇作战的不朽灵魂，难忘收藏了这一切的经典……

情迷珍珠港——《珍珠港》

　　2001 年 5 月 21 日，由《变形金刚》的导演迈克尔·贝执导的海空战争巨制——《珍珠港》于美国全面公映。该片不仅在全球狂卷 4 亿3100 万美元而称霸全球票房，更在 2002 年荣获了第 74 届奥斯卡"最

佳音效奖"的殊荣。

时隔 11 年,影片《珍珠港》俨然已成为人们心中的经典之作。它以第二次世界大战中最著名的一场战役为背景,真实再现了珍珠港大战的震撼现场,并在战争之中穿插着一段"因战而生"的爱情传说。当日军的战斗机从头顶掠过,向珍珠港的美军部队发起突袭时,夏威夷湛蓝的天空也随之划破,瞬间被战争的黑暗笼罩一片。两位年轻英勇的飞行员同时爱上了纯洁美丽的护士伊

《珍珠港》海报

弗琳,一段难以割舍的三角之恋,又将怎样配合演绎一场残酷的人类之战呢……

影片《珍珠港》由享有盛誉的金牌制片人杰瑞·布洛克海默担任监制,由堪称美国影坛不可多得的影剧怪才兰德尔·华莱士担任编剧,由早期以拍摄可口可乐广告而一鸣惊人的迈克尔·贝担任导演。同时,还集合了本·阿弗莱克、凯特·贝金赛尔和乔什·哈奈特等多位当红影星,演员阵容可谓空前豪华。就连鲍德温、小古巴·古丁这样的好莱坞老牌影星,也一致看好这部影片,甘愿屈尊在片中出演配角。

为了再现昔日"二战"的悲壮浩劫,制作方斥资 1.45 亿美元倾心打造这部巨作。在美国国防部的支持下,剧组横跨全美、英国、墨西哥等地和美军多个海空基地实地取景,还斥巨资购买了 15 架老式美军战斗机,并在现役航空母舰上实景拍摄,可谓"真材实料","挥金如土"! 大量的电脑特效,让宏大的战争场面赫然出现在我们的眼前。那一声声震耳欲聋的炮火、密集如雨的子弹、熊熊燃烧的烽火甚至长达 45 分钟的空前轰炸场面,都让观众最大限度地贴近战争的真实。不知不觉,我们已"潜入"战争的现场,时而紧闭双眼,时而咬牙切齿,时而陶醉于主人公缠绵的爱情,时而沉浸在生死离别的巨大悲痛之中……

是谁在梦里吟唱那曲经典的《我心永恒》？我聆听感伤，而你演绎那场震撼人心的"海上之殇"。多少次，从梦中惊醒，漆黑的房间里，一颗心怦怦跳动的声音久久在空中回荡。影片中的一幕一幕仍历历在目，只是这次，主角换成了自己。那座擦身而过的冰山，那场突然而至的风暴，那个畅游海底却随影随行的鬼魅身影，让人真切感受到生命的可贵与可悲。

其实，这并非梦境。它就是银幕上演绎的惊心动魄的场面，它就是历史长河中奔腾而过的真实瞬间。当大自然的灾难行至人类的脚下，无论结局如何，我们只能迎面而战。因为只有在这样的生死诀别时，人类才能发挥出难以想象的力量，彰显爱之伟大、人性之永恒……

海难中升华出永恒的爱恋——《"泰坦尼克"号》

为了寻找那颗传说中随"泰坦尼克"号一同坠落大海的珍贵珠宝——"海洋之心"，寻宝探险家布洛克带领团队潜入到了大西洋深邃的海底。从沉船打捞上来的一个锈迹斑斑的保险柜里，人们发现了绘有一位裸体女子的画像。那颗挂于她胸前的珠宝项链，正是他们苦苦寻找的"海洋之心"。电视前，一位百岁老人注意到了这则新闻，激动不已。她随即乘直升机来到了布洛克的打捞船上。原来，她就是画中的那个女子萝丝·道森。眼前的一切将老人的思绪牵引回 84 年前的那场海难和那段刻骨铭心的爱情。在她的讲述下，人们仿佛回到了1912 年"泰坦尼克"号那次伟大而绝世的梦幻之旅……

影片《"泰坦尼克"号》由詹姆斯·卡梅隆编剧、执导，于 1997 年 12 月 9 日在全美上映，一年后登陆中国。影片以1912 年发生的"泰坦尼克"号沉没的历史事件

《"泰坦尼克"号》剧照

为背景,用艺术的形式将这场震惊世界的海难搬上荧屏,并为我们生动讲述了一段穿越百年的浪漫爱情。当老态龙钟的萝丝用诗一般的语言追述 84 年前的那场惊心动魄时,我们不由得心生敬佩与羡慕。从人声鼎沸的码头目睹"史上巨轮"

《"泰坦尼克"号》剧照

的扬帆起航,到最后一条救生艇驶离遍布尸体的沉寂冰海,短短数天,一场奢华之旅便告终结。在这样一场生死浩劫中,爱情、勇气、信仰、死亡等构成了一次又一次直逼内心的叩问。

在一曲《我心永恒》的经典旋律中,影片中的一幕幕再次浮现在我们的眼前:那座无比奢华的海上巨轮,那歌舞升平、把酒畅饮的疯狂之夜,那毫无遮饰魅力依旧的画中佳人,那深情对望中注定不能携手一生的生死之恋……当无情的海水将整座大船一秒一秒的吞噬,两位白发苍苍的老人紧紧相依,等待一同葬身大海;甲板上的乐师毫无动摇地继续演奏出平缓的旋律,以安抚那些即将逝去的灵魂;杰克和萝丝还在为把救生艇留给对方而退让不止。生死一线之间,唯有爱才是永恒。或许正是这些带给我们的莫大震撼,才让时隔多年的精彩片段仍历历在目,久久回荡于心……

一场人与自然的光荣之战——《完美风暴》

在北大西洋,有一个名为格鲁西斯特的著名渔港。几个世纪以来,人们扬帆启程,开往大海深处,再乘风破浪,满载海鱼而归。船长比利·泰恩就是其中的一员,由他带领的团队搭乘"安德里亚·盖尔"号渔船,又一次启程了。为了一扫近来收获甚微的霉运,他们决定向大海更远处,一个名为"Flemish Cap"的海域闯一闯。但这次,一场前所未有的特大风暴阻挡了他们归来的路……

2000年6月30日，由沃尔夫冈·彼得森导演的影片《完美风暴》正式与观众见面。改编成该片的同名小说，连续100周荣居《纽约时报》畅销书排行榜。如此精彩的小说情节搬上银幕，影片《完美风暴》又将给我们带来怎样的精彩呢？

《完美风暴》海报

故事由五个有着不同生活背景的船员讲起，或迫于生计，或追求家庭幸福，抑或仅仅为了求得一份尊严，五个人最终走到了一起，满载着必胜的信心和风雨无阻的信念，碧海蓝天之间，一网一网的鱼虾被提捞上甲板。可不料，就在人们沉浸在"丰收"的喜悦中时，一场特大的自然灾难悄然而至。影片最为精彩的地方也正是这一段。在海面宏大的场景下，渔船仿佛沧海一粟；渔船上，五个小小的人影在与风暴做着殊死抗争。这里没有《泰坦尼克号》里奢华的场面，也没有传统之作中"人定胜天"的不老佳话。与名字正好相悖，《完美风暴》的结局并不完美。在巨大暴风摧枯拉朽的威力面前，再英勇的战士也难逃死亡的厄运。最终，所有船员一同葬身大海……

伟大的文学家雨果曾经说过："人类的苦难有三个来源，一个来源于社会，一个来源于宗教，最后一个来源于自然。"面对大自然的灾难，人类总是渺小的、无力的。但是，影片《完美风暴》在展现人与自然搏斗的同时，却能带给我们以莫大的振奋人心的力量。就如同海明威曾经的那句经典——"人

《完美风暴》剧照

不是生来就要被打败，一个人可以被毁灭，但是他永远不能被打败。"
这确实是一场"完美的风暴"，因为战役的结局是以大自然的"王者风
范"而宣告大捷。然而，影片中的硬汉形象却在我们内心深处掀起了
一场更为持久的"风暴"，那就是对梦想的执著、对幸福的追求、对爱
的诠释、对尊严的坚守！

2. 走进动画世界中的童趣大海

依稀记得很小的时候，一次在电视上看到了这样一段画面：一页
页画满图案的纸张，在连续而快速地翻过后，神奇地串联成一段情节
衔接的动画。后来，便有了《神笔马良》《小可都找妈妈》《大闹天
宫》……

动画的世界是一片充满幻想的乐园。它能让传统的神话传说复活
于生动的画面之中，也能将天马行空的梦想附身于一个个性格鲜明的
精灵。这就如同神奇而神秘的海底世界，永远探寻不到那最远最深的
地方究竟有怎样一番奇迹。从表现稚拙的原始动画，到如今迪斯尼数
码动画所筑造的梦幻乐园，动画伴随我们走过了金子般的快乐童年，也
让我们从中感受到爱的伟大、激情的力量，以及梦想之永恒。在这里，
即将敞开的一扇门，将带领我们走进海洋的动画世界。现在请你屏住
呼吸，让我们一同潜游大海，开启这片精彩纷呈的动画之旅……

泛黄的儿时记忆——《哪吒闹海》

1977 年，铺天盖地的"红色"终于在历史的洗礼下褪去了大半踪
影；随后，拂面而来的春风吹绿了大江南北，也将国产动画从一片万马
齐喑的沉寂中唤醒，走入了第二个繁荣时期。两年后，一部名为《哪
吒闹海》的动画片绚丽地走上了荧屏。它将中国民间古老的神话传
说，由口口相传引入到非凡的视听空间，更将一个身着红兜兜的小男
娃从此印记在孩子们的心中。

动画片的故事情节，改编自我国古典神话小说《封神演义》中的
经典章节。话说殷商年间，在陈塘关任总兵的大将军李靖，家里诞生
了一个"怪胎"！夫人怀了三年零六个月的身孕，生下的居然是一个

大肉球。李靖拔剑劈之，顿时屋中光芒四射，一个活泼可爱的小男娃从一朵莲花中跃出，拔下的一朵花瓣，瞬间变成一个红挂兜。他穿上衣服，然后满屋乱窜。这时，一位名叫太乙真人的道长闻讯前来贺喜，送给他两件礼物——一条手帕和一只镯子，并为之赐名哪吒，收做徒弟。这是一个勇敢而富

《哪吒闹海》

有正义感的孩子。一天，他同小伙伴在海边嬉戏，正巧碰上东海龙王三太子出来肆虐百姓，残害儿童。义愤填膺的小哪吒立即挺身而出，打死了三太子，又抽了它的筋。东海龙王得知此事后勃然大怒，降罪于哪吒的父亲。他口吐洪水，一时间海浪滔天，漫过大街小巷。大难行至脚下，小哪吒不愿牵连父母，更不愿让全村的百姓深受祸患，于是他果断地做出了决定——交出自己的生命……

　　1979 年，由上海美术电影制片厂出品，王树忱、严定宪和徐景达共同执导的动画片《哪吒闹海》在全国首度播映。画面的风格沿袭了我国传统的壁画风格，将古老的绘画形式与神话作品的浪漫气息紧密相连，为我们呈现了一段生动感人的"哪吒闹海"。在动画片里，传统对称式的构图，把龙宫皇室的威严与气派表现得淋漓尽致；佛教中常用的中心发散式的佛光造型，更是形象地体现出神的居所与神的光芒。而在配音方面，极具传统戏剧特点的语言风格，融入了民间口语化元素，使得整部动画片更加亲切和生动。

挑战之旅，成长之旅——《海底总动员》

　　如同人类对家的眷顾，生活在海洋中的精灵们对大海也是一往情深。而我们的主人公尼莫——一只可爱而乐于挑战的小丑鱼，却被困在澳洲悉尼湾内一家牙医诊所的鱼缸里。虽然这里也被塑造成一个微型的海底世界，也有一群说得上来的朋友，但是对爸爸和大洋的思

念久久萦绕在尼莫的脑海,透过玻璃缸的一次次眺望,只能换来无数次一筹莫展的叹息。而在深邃的海底,"远近闻名的胆小鬼"爸爸马林,在新结识的朋友蓝唐王鱼多莉的陪伴下,逃过了一次次磨难,向儿子所在的方向苦苦探寻。渐渐地,他

《海底总动员》海报

从痛失妻子的阴霾中走出来,明白了如何用勇气与爱战胜自己内心的怯懦,也懂得了一生中真的有一些事情是值得自己去冒险的。在这条寻找儿子的漫漫长路之尽头,会有尼莫那可爱的笑脸吗?

《海底总动员》剧照

影片《海底总动员》是皮克斯制作公司继《玩具总动员》、《虫虫危机》、《玩具总动员 II》以及《怪兽电力公司》之后的第 5 部电脑动画力作,在 2003 年那个炎热的夏季,给人们带来大洋深处的一片清凉与舒逸。在神奇的海底世界中,动画片成功塑造了众多令人难忘的形象:胆小谨慎的爸爸马林、勇于挑战的小丑鱼尼莫、热情而健忘的多莉、奇特的大嘴海鸥奈杰尔和坚守素食主义的大鲨鱼布鲁斯……这些由电脑制作出的海中生灵异常的逼真,夸张的动作与表情,富于人性化的思想与情怀,让观影的孩子们既享受了影片带来的乐趣,又多了一份对于亲情、友情的回味与反思。

这是一段充满挑战的寻子之旅,也是一片美轮美奂的水中天堂。影片制作精美,场面宏大。为了吸引孩子们的眼球,原本昏暗无光的

海底世界呈现出一片艳丽的色彩。这里有"遮天蔽日"的水母大军，有滑翔而过的群鸟盛况，有鲨鱼布鲁斯面对血腥时的内心挣扎，还有鱼宝宝们别开生面的"水下课堂"。充满悬念的情节设置，加上一路相伴的友谊之歌，吸引着各个年龄层次的观众前往影院，一睹《海底总动员》的奇幻世界。

《海底总动员》海报

第三部分　海洋文明探索篇

　　轻轻翻开这一篇章,深藏海底的人类文明依稀可辨,千帆竞进的航海时代如在眼前,舞动奇迹的深海生命缤纷呈现,匪夷所思的海洋之谜有待解答……

一、海洋考古

　　浪逐沙滩,海鸥欢歌,律动的自然,灵动的生命,伴随海洋经久不息的浪花,见证千百万年沧海桑田的变迁。人类探险与征服海洋的活动并未随着海水的流动而彻底消失。在深深的海底,在海洋的记忆深处,留下了历史的印记。

1. "南海 I"号宝船归来

　　曾经的水下考古,缺少现实的实物资料,一切的研究只能从古籍上零星的记载来寻觅,却总难觅到真迹。"南海 I"号的出现,在我们一睹其原貌,体会设计者、创造者的用心之时,也使得海上丝绸之路的历史渐渐清晰。那个时期、那条路上的那艘船,承载着历史的使命,从遥远的年代驶来,曾经的兴衰荣辱不再虚幻。我国水上考古的新坐标由此建立,所有的工作据此全面铺开,更多的新篇章有待书写。

盛放"南海 I"号的博物馆

"南海Ⅰ"号是一艘南宋时期福建泉州特征的木质尖头商船，长 30.4 米，宽 9.8 米，所承载的金手镯、金腰带、瓷器等文物有 6 万至 8 万件。出水的完整瓷器多达 2000 多件，品种超过 30 种，涉及福建德化窑、磁灶窑、景德镇窑系等精品，也有一些具有浓郁阿拉伯风情的瓷器，既有棱角分明的酒壶，又

"南海Ⅰ"号出土的文物

有喇叭口的大瓷碗。"南海Ⅰ"号历经 800 多年的海水侵蚀依然能够伫立，对我们今天的造船技术或许有一定的启发。我们也可以从那些具有阿拉伯风情的喇叭大口碗和金腰带等生活用品中，一窥当时南宋的海外贸易和社会生活。在海底沉睡了 8 个多世纪的南海Ⅰ号，如今已变得"虚弱"不堪。为了对其实行切实有效的保护，考古人员为其量身定制了一个长 35.7 米、宽 14.4 米、高 12 米、重达 530 吨的沉井整体罩住沉船及其周围的淤泥，再从沉井底部两侧穿引 36 根钢梁，小心翼翼地将沉睡海底的古船连同淤泥一起捧出，安放在与

"南海Ⅰ"号出土的文物

沉船所在海底环境几乎完全一样的巨型玻璃缸内。玻璃缸内还以透明的亚克力胶为材料建造了两条长 60 米、宽 40 米的水下观光走廊。

如今，古船安详地躺在专门为它建造的"水晶宫"里，坦然面对人们的参观和研究。安静的船体掩饰不住它内心的波澜，船上所承载的历史记忆急切地需要人类去唤醒。尽管木质结构已经疏松，依然需要接受人类的不断造访，以便人类从中获取更多的信息，最大限度地发

挥它的考古价值,这也成为沉船发掘后面临的最大问题。南宋古船的保护与研究工作同样举足轻重。

2. 永远的"泰坦尼克"号

当"泰坦尼克"号的名字被提起,当 My Heart Will Go On 的旋律响起,人们脑海中首先浮现的不一定是那艘庞大而豪华的游轮,也不一定是沉船时的惊心动魄,而是那个与它相关的凄美的爱情故事。这得益于美国导演卡梅隆根据史实拍摄的以爱情为主题的电影《泰坦尼克号》,那首荡气回肠的主题曲更是为电影锦上添花。电影与插曲的相得益彰,成就了今天的"泰坦尼克"号传奇。但人类的好奇心远不会满足于一个传说,而是要更加深入地探索真正的"泰坦尼克"号,揭开它那神秘的面纱,还原其历史的本来面貌。

沉入深海的"泰坦尼克"号并没有将人们的记忆一并带入海底,人们对它的好奇与探索从它沉没时就未曾间断,直到 1985 年 9 月,这个沉睡近 3/4 个世纪的"海底女神"才被美国的罗伯特·巴拉德唤醒。当巴拉德发现"泰坦尼克"号的时候,除了兴奋,也有些沉重,眼前这个面目全非的"泰坦尼克"号还有那些永葬大海的亡魂勾起了他的感伤,当年何等气派的"泰坦尼克"号,如今因为噬铁菌的侵蚀已是锈迹斑斑,船头、船尾各分一处,足见沉船时的惨烈。

1912 年 4 月 11 日,"泰坦尼克"号扬帆起航,开始了在大西洋上的梦幻之旅。当时又有谁会料到,这是一次没有返航的绝命之行呢?

启程后,船上的人们开始了纸醉金迷的旅行,享受着顶级的奢华。人类的骄傲自满注定了航行不会太远。就在大家举杯狂欢的时候,一场灾难像幽灵一样悄悄来袭,威胁着正沉浸在欢乐之中的人们。他们面前的大海面目狰狞地对着毫无

"泰坦尼克"号

防备的人们。突然间的一声巨响,结束了这次充满浪漫和幻想的大海之旅。人们由漫不经心到惊恐万分,并开始拼命逃生。但是,船上旅客的命运早已定格,救生艇的缺少注定会让一些人在冰冷而恐怖的海水中挣扎至死。更遗憾的是,能乘 1000 人的救生艇只载了 600 多人就走了。加上之前"永不沉没"的宣传,麻痹了附近的救生船只,"泰坦尼克"号发出的信号没有被人们充分注意,出事后只有"卡帕西亚"号到现场救援。两个多小时后,"泰坦尼克"号便完全沉入海底。船上 2000 多人,只有 705 人生还,其余的人都葬身大海。莎士比亚说过,再美好的东西都有失去的一天,再美的梦也有苏醒的一天。

巴拉德是否会后悔发现了"泰坦尼克"号呢?因为从那以后,怀揣着各种梦想的深海造访者络绎不绝,这种乐此不疲的探索对沉睡在那里的"泰坦尼克"号来说实在是一场挑战。到访的观赏者和寻宝者不仅留下了足迹,也留下了瓶子、绳子等大量垃圾。此外,对是否应该打捞沉船,也是争议不断。

痛沉大海的不仅只有令人垂涎的宝物,还有那些葬身大海的亡灵。巴拉德曾经说过,"泰坦尼克"号应该永远栖息在北大西洋深处,所有的打捞和造访都会破坏那里的宁静。那极度黑暗而阴冷的海底世界,或许才是"泰坦尼克"号最好的安身之所,也是那些遇难者灵魂的归宿。就让它随遇而安吧,让深海变成这些不幸儿的家园,成为他们最后的庇护所。

3. 探索海底失落的文明——赫拉克利翁古城和东坎诺帕斯古城

在人类历史上,曾经存在着许多辉煌灿烂的文明,它们有的记录在史书中,有的遗存在地面上,或具体生动,或残缺不全;也有一些文明,历经沧海桑田,已经很难再寻到痕迹,有的则沉睡在了深深的海底。要想重拾深藏海底文明的往日辉煌,就需要人们对神秘莫测的海底世界进行考察和探究。

在众多失落在海底的文明中,古代埃及的两座城市——赫拉克利翁古城和东坎诺帕斯古城的发现吸引了众多关注的目光。

公元前 500 年前后,埃及北海岸尼罗河入海口,曾经存在着以繁华富有和规模宏大而闻名于世的赫拉克利翁古城和东坎诺帕斯古城。这两座古城曾是埃及的商贸中心，希腊船舶也大多经此从尼罗河进入埃及，市列珠玑，户盈罗绮，车水马龙，一派繁华。另外，它们还是很重要的宗教城市，建于城中的神殿每年都会吸引全球各地大量信徒前往朝圣。由此，我们不难想象古城当时盛世繁华的景象。可惜，"好花不常开，好景不常在"。古城繁华的景象没有感动历史的变迁，终于，在每年尼罗河洪水的无情泛滥下古城渐渐淹没于水下。

在没有关于古城的确凿文物出现之前，我们对赫拉克利翁古城和东坎诺帕斯古城的了解只能是来源于古代典籍上的零星记载。据公元前5世纪时希腊历史学家希罗多德在书中的描述，这两座城市似乎是地中海上的岛屿，这引起了众多历史学家和考古学家的兴趣，并开始对它们的探索与研究。法国考古学家弗兰克·高迪奥多年来一直在位于尼罗河三角洲西面的阿布齐尔海湾进行探查，在2000年之前他都没有任何的发现；到2000年时，高迪奥才满心欢喜地在7米深的海底发现了两处有着残墙、栏杆，已倒塌的庙宇和雕塑等遗址。距离今天的海岸线1.6千米处有第一处遗址。经过深入挖掘，以高迪奥为主的考古团队还发现了一些护身符、钱币、珠宝首饰等，据估计应该是公元前600年的物品。通过石板上记录的文字，得知城市名应该为赫拉克利翁；通过上面刻着的税务法令及相关文字，得知签署者为奈科坦尼布一世。除此之外，考古团队又确认了两座分别供奉古希腊神话中的英雄赫拉克利斯和埃及主神的庙宇。在赫拉克利翁神庙以北的地方，还发现了大量青铜器，估计当时应该是用于祭祀的。在数千米之外考古学家还发现了第二处遗址，经考古学家鉴定，认为它应该是东坎诺帕斯古城。

经过后续的研究工作，认为这两座古城建在泥沙地上，没有足够的地面支撑，加上尼

古埃及女神伊希斯的塑像

罗河洪水泛滥,地基在洪水的冲刷后,不断下沉,天长日久,洪水就把古城淹没在了水下。

沧海桑田,历史变迁;斗转星移,世纪变幻。曾经的赫拉克利翁和东坎诺帕斯古城都已成为历史,它们的容颜,它们的生命,它们的繁华,都已成过往,却在海底留给世人一种残缺之美,遗址在那里浅吟低唱,诉说着当年的灿烂辉煌……

历史不可能重现。这两座古城的繁华景象只能靠我们去想象了,但是海底探索的旅程没有终点,海底依旧深藏着太多的秘密,等待着人们去探索、去发现……

二、航海探险

一叶扁舟,就敢独闯江海;几十号人,三五艘船,就能义无反顾,驶入浩瀚汪洋,人类文明史的探险旅程就此拉开帷幕。航行在茫茫大海,视线的终点是辽阔的海面,远方只有汹涌澎湃的海水在涌动,即使是在毫无希望的日子里,生命的张力与探险的激情仍在勃发……

1. 古代航海探险和大国崛起

远播华夏文明 ——中国古代航海

尽管我国是一个以农耕文明著称的古国,但我们自古就对大海怀有景仰的情怀。"海不辞水,故能成其大"的广阔胸襟和"海上生明月,天涯共此时"的缱绻情意,是我们对大海最生动的印象;同时,海纳百川的气魄也造就了我国先人乘风破浪、包容万象的航海豪情。当徐福最先向着海洋中的仙境驶去时,我们知道了海洋之外也有着多彩的世界;当历史的航针指向大明王朝时,上天注定要将它造就成一个英雄的时代。在即将来临的大航海时代中,时势提前造就了郑和这位大明英雄。郑和,以其不可动摇的坚强意志和勇于探索的伟大精神,承载着中华民族的灿烂文明,进行了七次波澜壮阔的伟大航行,在世界航海史上为我国创造了一段辉煌的历史。

当中华民族第一个统一的封建专制王朝建立后,人们对大海的探索也由此开始。如果说秦始皇的多次巡游海上是家门口的"打闹嬉戏",那么徐福东渡就算得上是我国第一次出海远航了。秦朝著名方士徐福,公元前219年奉秦始皇之命前往东海寻求仙草,尽管一去不返,但他的航海经历却打开了中国人向海洋探索的大门。从西汉开始,我国的贸易就不再只局限于黄土地,勇敢的中国商人在海上留下了前进的痕迹,海上丝绸之路由此现出它的光芒。在航海史中,除了商人,中国的僧人也可歌可泣。东晋高僧法显为求佛典,399年由长安出发,结伴10人去印度。他们穿沙漠、越昆仑、到中亚,然后折向东南,万里跋涉到印度。其间,同伴或亡或返,到印度后只剩两人。412年,法显在斯里兰卡乘我国商船回广州途中,在我国南海遇风东航105日,到达了今天的墨西哥南部海岸一带,在那里停留了5个月,于次年春天回到青岛崂山。法显伟大的航海经历表明,5世纪初的时候,中国人就曾到达过美洲。唐高僧鉴真,为了传授佛经,传播大唐文明,他历经艰辛前后六次东渡日本。途中,艰难困苦没有将他吓退,天灾人祸也没有让他放弃。除了长途跋涉、航海颠簸,鉴真还在第五次东渡时双目失明。终于,精诚所至,金石为开,第六次东渡一帆风顺。鉴真不仅给日本带去了佛教,更给日本带去了唐朝的灿烂文化。于是,日本人民称鉴真为"天平之甍"。宋、元时期,涌现更多具有伟大探险精神的商人,是他们让中国的航海脚步留迹于印度洋各国,是他们让宋、元两代的海上丝绸之路达到了顶峰。正是这些不畏艰险的中国航海先驱者,让中国人放眼世界,拥抱海洋。斗转星移,光阴似箭,历史发展到

15世纪,一个伟大的航海家诞生了,他就是郑和,一个改变了世界航海史的东方巨人。

郑和出生于1371年,原名马三宝。10年后的一个冬天,明朝军队进攻云南,将马三宝掳获,使其成为太监。后来成为燕王朱棣的手下。在靖难之变中,郑和表现勇敢机智,为后来掌权的朱棣所赏识,并赐

郑和宝船模型

姓"郑"。郑和不仅知识丰富，熟悉西洋各国的历史、地理、文化等，还具有出色的军事指挥才能和卓越的外交才干，出使西洋这个光荣而艰巨的使命就落到了他的肩上。

南京郑和纪念馆

永乐三年（1405年），郑和率大小海船200多艘，随行20 000多人，第一次出海航行。船队配有航海图、罗盘针等当时世界上最先进的航海设备和技术，船上还装满了金银珠宝、瓷器茶叶、绫罗绸缎等商品。是年6月，船队从刘家港出发，大小帆船相继起航，浩浩荡荡地南下西洋。郑和船队承载着大明王朝太多的期望，更承载着中国人第一次向远洋发起冲击的决心。当知人意的西北风把他们首先送到占城国的时候，他们受到了国王的热情接待。占城国人民纷纷赶来，参观声势浩大的中国船队，两国商人做起了买卖。短暂逗留的几天里，占城国出现一派繁忙的景象。之后，郑和率船队又扬帆起航，一路经过爪哇国、旧港国，然后到达马六甲半岛，穿过马六甲海峡，经过锡兰（今斯里兰卡），最远到达古里（今印度）。郑和船队每到一处都会引起当地的哗然，因为那里的人们从未见过如此庞大的船队；当满船的瓷器、丝绸换成了中国奇缺的胡椒、香料、象牙和药材时，船队便起锚返航。伴随着洋面吹起的西南风，郑和船队顺风而行，载誉而归。从1405年到1433年，郑和率领当时世界上最先进、最庞大的船队，先后7次下西洋，遍访30多个国家，穿行于太平洋、印度洋和阿拉伯海之间，最远到达非洲东海岸、红海和伊斯兰教的圣地麦加，促进了我国与世界的经济、文化交流，开创了航海史上的新篇章。为了纪念郑和，许多地方以"三宝"命名，如马来西亚的三宝城、三宝井，印尼爪哇的三宝垄，泰国的三宝庙、三宝塔，斯里兰卡首都科伦坡博物馆内，至今还珍藏着郑和在那里立过的石碑，成为我国和东南亚各国友好往来的历史见证。

航海探险与大国崛起——西班牙

欧洲中世纪的黑暗结束后,各国开始了欣欣向荣的发展之路。作为地中海国家的西班牙,土地面积少且矿产资源紧缺,促使它追求财富、扩大领土,海外扩张一时成了必然之举。西班牙的航海探险,打破了旧世界的藩篱,将世界真正地联成一个整体,使西班牙成为崛起的帝国。

1492 年,西班牙在伊莎贝拉女王的领导下实现了王国重建,一个崭新的中央集权国家自此诞生。但当时通往东方的航路已经被葡萄牙控制,非洲海岸的群岛也成了葡萄牙的领地。虽然地中海是当时世界贸易中心,但西班牙并没有因为同属地中海国家而从中分到多少羹,黄金、香料等贸易都由其他国家控制着。为了直接获得东方的香料、黄金等珍贵物品,当时的西班牙急需开辟新的航路。通过大海寻求财富的梦想在西班牙悄然孕育,并茁壮成长。

哥伦布

1492 年 8 月 3 日,哥伦布率领三艘大帆船,满载着西班牙国王和国民的希望,浩浩荡荡地从巴罗斯港扬帆起航,向大西洋正西方驶去。由于船员并非全都相信地圆说,于是在 9 月 9 日后还未见到陆地的时候,有的船员开始抱怨,恐慌逐渐蔓延,有人开始担心会掉进深渊。哥伦布只好谎报真实的航速和航程安抚众心,还指着发现的海鸟说陆地就在前方。

历经漫长而艰苦的航海后,被历史铭记的一天终于到来。1492 年 10 月 12 日,船队登上了一片陌生的陆地,哥伦布将其命名为圣萨瓦尔多,意思是"神圣的救世主"。圣萨瓦尔多对哥伦布意味着救世主,但谁会料到哥伦布带给美洲的却是一场大灾难。哥伦布把这个岛周围的领地称为印度群岛,将当地居民称为印度人,其实他们离印度还很远。他还想继续寻找"日本"岛,结果当然找不到。他也没有找到想要的黄金和宝石,却意外地发现了美洲独有的农作物玉米、马铃薯和甘薯等。在随后的航行中,哥伦布一直都没能找到东方的文明古国，其中两艘船还在风暴中失散。1493 年 3 月 15 日，船队回到西班牙巴罗斯。至此，人类历史上第一次伟大的航海探险结束。之后，哥伦布又于 1493 年到 1502 年间先后进行了三次航海探险，登上了美洲的许多海岸。遗憾的是，哥伦布至死都不知道他到达的地方并不是真正的印度。

麦哲伦

在哥伦布发现新大陆 20 多年后，为了与葡萄牙竞争海上霸权，西班牙资助了麦哲伦开始首次环球航行。1519 年 8 月 10 日，麦哲伦率领五艘大船出发了。在这次航行过程中，麦哲伦需要面对的除了凶险莫测的大海，还有更多未知的磨难。1520 年 8 月底，麦哲伦的船队遭遇了一场暴风雨，就在紧绷的神经还来不及放松的时候，他们发现并驶入了一条狭窄的海峡，此海峡被后人称为麦哲伦海峡。经过 20 多天的艰难航行后，船队终于走出了海峡，到达一片广阔的海域。在海上风平浪静地航行 100 多天后，他给这片平静的大海起了个吉祥的名字——"太平洋"。但他们的航行远非如此太平。辽阔的洋面始终难见陆地，准备的食物也已经吃完，但船员们都拿出了斗牛士的精神，勇往直前，终于克服重重困难，横渡了太平洋。此次环球航行是人类历史上亘古未有的壮举。或许壮举就会带些壮烈吧，伟大的麦哲伦在一次干预别国内讧的事件中丧生，失去了见证环球航行成功的机会。遵循麦哲伦的遗志，船队继续前行。1522 年 5 月 20 日，船队绕过非洲好望角。9 月 6 日，返回西班牙，首次环球航行历经磨难终于成功。从此，占据了世界西半球的西班牙，开始与葡萄牙分庭抗礼。

航海探险与大国崛起——葡萄牙

葡萄牙，虽然是一个小国，却是近代海上强国崛起的领跑者。一本航海的图书，一粒诱人的胡椒，一位英明的王子，一个冒险的民族，共同造就了葡萄牙辉煌的海上历史。当恩里克王子为葡萄牙消除了大西洋的恐怖传说，葡萄牙便开始从海上寻求财富，寻找那通往东方的香料之路。迪亚士最先发现了好望角，由此打开了葡萄牙人通往印度的大门。达·伽马不畏艰险，绕过好望角，终于到达印度，为葡萄牙开辟了一条黄金之路。葡萄牙踏着航海家们建立起来的海上之路，一跃成为世界上最先崛起的海上帝国。

恩里克

偏居地中海一隅的葡萄牙，人口密集，资源短缺。千百年来，它始终不停地同入侵的罗马人、日耳曼人和摩尔人进行反抗斗争。当它凭借坚强的民族意志将侵略者赶出自己的土地，成为一个独立的君主制国家时，国库并不充实。穷则变，变则通。葡萄牙将目光投向了大西洋。上天将恩里克王子降临到这个国家，葡萄牙如虎添翼，在世界的海洋上最先崛起。恩里克是葡萄牙国王若昂一世的第三个儿子，出生于1394年。当时的欧洲正从中世纪的黑暗中走出，去找寻光明的坦途。恩里克12岁时，无意间读到一本古希腊天文学家托勒密的《地理学指南》。就是这本一度被人们遗忘的图书，引起了恩里克极大兴趣。他想知道：地球到底是方的还是圆的？大西洋是否真的是"死亡绿海"无法逾越？恩里克不断地积累地理知识，后来还办了一所航海学校，设立了专门研究航海技术的观象台，广泛搜集与航海有关的文献资料，并聘请航海人才为师，虚心学习。

1415年，恩里克王子领导的探险队参与了国王组织的海上远征活动。探险队首先占领了非洲北部重要的城市休达，控制了这个连接地中海与大西洋的交通咽喉，这成为葡萄牙后来对外扩张的开端和支点。这一来，不仅提高了国王的声望，也使恩里克一战成名。之后，恩里克又精心挑选人才，成功航行到了

迪亚士

圣港岛和马德拉岛，由此开始了对马德拉岛的垦殖和开发。恩里克继续他的航行，他坚信，地球上还会有许多尚未发现的陆地，葡萄牙将迎来它伟大的航海时代。

1432年，恩里克探险队继续向西航行，到达了亚速尔群岛，这里成为葡萄牙航船的最佳避风港。以此为中转站，恩里克派出最勇敢的人选去挑战传说中的"魔鬼水域"博哈多尔角。最后，他们绕过了这个恐怖的边界，扫除了人们对于大海的阴霾的恐惧。从此，葡萄牙人沿着非洲西海岸以破竹之势一路南下，完成了非洲西海岸地区的航行，在葡萄牙地图上绘制了4 000千米的非洲西海岸线，建立了大批的贸易商站。伴随着航路的开辟，大量的象牙、黄金和非洲胡椒源源不断涌入里斯本，葡萄牙的国库得到了充实。恩里克王子在1460年去世。在他之后，欧洲航海界所取得的几乎所有伟大发现，都离不开他竭尽心血组织实施的航海计划，"航海家"的称谓对他来说也算是实至名归。从恩里克王子开始，航海探险活动不再是个人英雄主义行为，而是以国家为后盾有组织、有计划的行动。

葡萄牙国王若昂二世秉承了恩里克的航海精神，在恩里克离世27年后，派迪亚士去寻找通往香料之国的航线。1487年，在一个风和日丽的日子里，迪亚士率三艘帆船从里斯本出发。他们从大西洋南下，一路上沿着前人开辟的非洲西海岸航线航行。半年过去了，当他们即将到达非洲最南端的时候，却遭遇了一场突如其来的大风暴，船队失去了控制。在风浪的裹挟中，他们被动地向东南方向漂浮了13个日夜。风暴稍微平息一点时，迪亚士下令向东航行，企图寻找陆地，结果却不尽如人意。而此时，迪亚士恍然大悟，原来他们早已绕过了非洲最南端。他确信，只要继续行驶，一定可以到达神秘的东方。这时，因为长时间的海上颠簸以及在风暴角遭遇的惊吓，船员们都非常疲惫，强烈要求返航，而且粮食和用品已所剩无几。无奈之下，迪亚士怀着巨大的遗憾同意返航。于是，迪亚士命令船队调头北上。返回途中，当他们再次经过这个有大风暴的地方时，迪亚士为了给他们九死一生的经历留下点纪念，决定将这一海角取名为"风暴角"。

1488年，迪亚士回到里斯本，向国王报告了航海过程。当迪亚士告诉国王有一个惊涛骇浪的风暴角时，若昂二世非常高兴，但他却将

"风暴角"改成了"好望角",因为他认为这不是一个普通的海角,而是打开东方世界的支点。只要绕过这个点,闪着耀眼光芒的东方国度就会出现在葡萄人眼前,这意味着蕴藏巨大财富的香料贸易很快就会掌握在葡萄牙人的手中。此时,葡萄牙下一位航海英雄正在为伟大的创举进行着精心的准备。

达·伽马

1497 年,葡萄牙国王曼努埃尔一世派达·伽马去打通通往印度的航线。7月 8 日,达·伽马率船队从里斯本出发,沿着迪亚士发现好望角的路线迂回曲折地驶向东方。船员们历尽千辛万苦,在即将到达有可怕风暴的好望角时,纷纷要求返航。但是达·伽马态度非常坚决:不到达印度决不罢休。于是,经过了狂风巨浪的好望角后,他们到达了西印度洋的非洲海岸。途中,在好望角附近他命名了一个海湾——圣·埃列娜湾,并与当地黑人进行了和平接触;之后,又在非洲东海岸的圣布拉斯湾立下了第一根带有葡萄牙徽章和十字架的纪念石柱。航行中,他们还望见了一片陆地,并将其命名为纳塔尔。一路上,他们追寻着香料的气息,不断地向印度的方向前进。1498 年 3 月,他们到达莫桑比克港。在此,达·伽马了解了当地重要的贸易信息,这使他确信印度就在不远处。但是,当莫桑比克人知道他们是贸易上的竞争对手时,便由友好转为了敌对。经过有效的反击之后,达·伽马率领船队继续北上。4 月 7 日,当他们经过蒙巴萨时,再次遭遇冲突。4 月 14 日,达·伽马一行来到了与蒙巴萨为敌的马林迪国,受到了国王的热情接待,国王还派出一名优秀的领航员帮助船队到达印度。这是一位有着丰富航海经验的领航员,在他指引的航线中,乘着印度洋的季风,船队一帆风顺地横渡了浩瀚的印度洋。终于,在经历了生死考验之后,达·伽马的船队于 1498 年 5 月 20 日这一天抵达了印度最大的通商口岸——卡利卡特港,并在此竖起了第三根石柱。达·伽马向卡利卡特国王讲述了自己前来的意愿,希望两国能够建立贸易关系。但是,国王嘲笑他带的见面礼过于普通,加上阿拉伯商人从中作梗,不仅贸易行为受到限制,甚至还不能回国。最后,达·伽马采取果断行动,绑架了6名印度贵族作为人质,然后带着船队冲出了卡利卡特。返航的路途同样是漫长的,因为坏血病的侵袭,许多人相继倒下。

1499年8月,达·伽马终于回到了里斯本,并受到了礼遇。这次航行尽管贸易算不上成功,但依旧带回了香料、丝绸、象牙等货物,标志着到达东方的海上航线已被开通,也使葡萄牙人开始涉足香料之路。

1502年,达·伽马再次东征。他武装了一支强大的舰队,决心为葡萄牙建立起印度洋上的海上霸权。这一次,达·伽马从一个探索未知的航海家变成了一个对外侵略者。伴随着船队的航行,血腥的掠夺也开始了。当途经基尔瓦时,达·伽马背信弃义,将国王扣押到自己的船上,逼迫他臣服于葡萄牙。当航行到印度附近海面时,他们袭击了一艘阿拉伯商船,洗劫了所有的财宝之后,将船上的几百名乘客通通烧死。到达印度后,他们强占了卡利卡特。为了争夺阿拉伯商人在印度半岛上的利益,他将全部的阿拉伯人驱逐出境;之后,又在附近海域的一次战斗中,击溃了阿拉伯船队。1503年10月,达·伽马满载着掠夺来的大量价值昂贵的香料和丝绸等珍品回到了里斯本。而这一次所得的利润竟是当时航行费用的60多倍。达·伽马获得了荣耀,葡萄牙获得了半个世界。

2. 近代航海探险与科学发现

翘首南极

南极,那块传说中神奇的土地,那片神秘而遥远的冰雪世界,长期以来,以其寒冷、亘古不化的坚冰拒人于千里之外。但是,人类与生俱来的好奇心,以及坚强的毅力和克服困难的勇气,使人类从未放弃过对未知大陆的探索。尤其是南极,那块早就被预言过的神秘土地,承载了

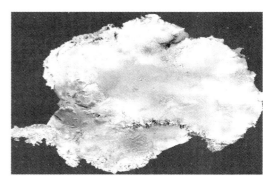

南极洲

人类太多的想象和憧憬。终有一天,南极迎来了素未谋面的英雄,白雪茫茫的大地上从此留下了人类到访的足迹。

库克是一位英国探险家、航海家和海图绘制专家,生活在18世纪上半叶西方航海探险高潮迭起的英国。1767年,塔希提岛的发现者沃利斯探险队宣称,他们曾在太平洋上不经意间看见过南面大陆的群山。这个意外的发现,在当时引起了轰动。因为很久以来,在人们的印象中,南极只是一个传说,没有

库 克

人亲眼见过。当这片神奇的大陆再一次被提起并有了现实的证据后,各国竞相踏上寻找南极的征程。英国,这个在新航路开辟之后崛起的海上强国,自然不会放过海外扩张的机会,对于探险队的这个发现,产生了极大的兴趣。为了抢先占有这块新大陆,扩大英帝国版图,英国决定先下手为强。这个使命落在了库克的头上,他也成了寻找南极大陆的先行者。在整个航行中,库克始终没有找到南极大陆,他开始怀疑南极大陆是否只是个传说。库克想向东航行,然后从南太平洋回国,将南极大陆这个荒唐的传说破解。但南半球的冬季即将来临,水手们也想结束长年漂泊的生活,权衡再三后,库克决定返航。在返航途中,遇到过危险,经历过生死离别:一场瘟疫的发生,使73人客死于他乡。

"努力"号

1771年7月13日,航海3年的"努力"号回到了英国。这次航海,在世界航海史上写下了浓重的一笔。

第一次航行虽然收获不少,但是航行的真正目的没有达到,南极依然只存在于传说中。库克决定再次出航,寻找神奇的南极大陆。1772年7月13日,库克率领两艘

船——"决心"号和"探险"号驶入大西洋。在绕过好望角往南航行时，天气越来越寒冷，迎面而来的风雪寒冷刺骨，使人难以招架。两艘船也在大雾中走散，在分头驶向新西兰后会合。接着，库克一行从新西兰向东寻找南极大陆。当他们到达塔希提岛的时候，新鲜食物已经吃尽，很多船员得了坏血病，岛上新鲜食物的极度匮乏，迫使库克指挥"探险"号载着病员返航，"决心"号则继续前行。

1774 年 1 月，库克到达南纬 71°10′。这是当时人类到达的地球最南端，但库克没有认识到离这里仅 240 千米的地方就是他们朝思暮想的南极大陆。库克再次环游南太平洋后，灰心丧气地回到了英国。

虽然库克在两次寻找南极的航行后断言南极大陆并不存在，但很多人仍在为寻找南极进行着不断的探险活动。谁第一个到达南极群岛至今没有定论，但大多数人认为是威廉·史密斯。1819 年，英国人威廉·史密斯船长在前往智利的

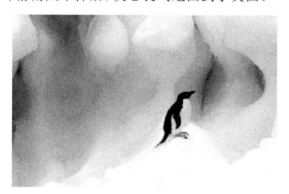

南设得兰群岛上的企鹅

途中不小心偏离了航道。塞翁失马，焉知非福，他竟然发现了今天的南设得兰群岛。这片岛屿就是南极洲巨大蝌蚪尾翼的尾梢部分，绵延数千米。1819 年 10 月 16 日，史密斯在群岛中的乔治王岛登陆，宣布英国对其拥有主权。群岛曾被称为新南不列颠，但不久之后就根据苏格兰以北的设得兰群岛改称南设得兰群岛。在英国对外扩张的进程中，史密斯为英国开辟疆土作出了重要贡献。如今，多个国家在南设得兰群岛设有科学考察站，大多位于该群岛最大岛屿乔治王岛上。

史密斯发现了南极大陆尾翼的群岛后，南极大陆不再遥不可及。1819 年，俄国沙皇亚历山大一世派遣别林斯高晋和拉扎列夫寻找南极大陆。考察船"东方"号和"和平"号于 1819 年 7 月 16 日从北半球向南半球行驶。1819～1821 年，这两艘帆船曾 9 次靠近南极海岸，6 次穿过南极圈，到达南纬 69°25′处，完成了环南极航行的伟大壮举，

取得了大航海时代都未取得的荣耀——描绘了南极大陆的轮廓，获得了宝贵的第一手资料，为俄罗斯以后的南极探险和科学考察奠定了基础。别林斯高晋的船队先后发现了两个小岛，他们分别以沙皇的名字命名为彼得一世岛和亚历山大一世岛。亚历山大一世岛紧挨着南极大陆。由于南极附近气候恶劣，浮冰众多且坚硬，阴云、浓雾长时间笼罩海面，船队无法再接近南极大陆，不得不返航。近在咫尺的南极大陆再一次远离了人类的视线。

阿蒙森

　　风帆时代的库克、别林斯高晋等航海先驱们最先寻找南极，虽然没有人真正登上过南极大陆，虽然南极依旧冰冷地傲然屹立在那里，但人们已经相信南极不是一个传说，南极不再虚幻。1895年，伦敦第六次国际地理学会议吹响了人类向南极进军的号角，20世纪初成为南极探险英雄辈出的时代。阿蒙森和斯科特就是这个英雄时代的杰出代表。为了夺取登上南极的桂冠，为了让自己国家的国旗最先在南极上空飘扬，他们之间开始了一场悲壮的南极探险角逐。

　　1911年，当南极从冬天的阴霾中苏醒过来的时候，它并不知道有两支队伍正奔赴而来。那就是英国的斯科特和挪威的阿蒙森带领的两支南极探险队伍。这是斯科特第二次踏上南极的征程。第一次去南极是为了寻找罗斯海，发现并命名了爱德华七世半岛。或许是因为第一次南极探险中的失误，斯科特没有得到应有的爵位，他的老部下沙克尔顿却名利双收，这对他来说是一个不小的打击。为了赢得荣耀，斯科特决定重返南极，他要成为到达南极点的第一人。一切准备完毕后，1910年6月1日，斯科特率"新地"号从英国出发了。10月2日，就在斯科特船队雄赳赳、气昂昂地驶向南极的时候，他收到了一封信："我也要去南极。阿蒙森。"斯科特和阿蒙森征服南极的竞赛就此拉开帷幕。但此时的阿蒙森远在千里之外，斯科特并没把阿蒙森放在眼里。阿蒙森自打通西北航路以来，一直在准备征服北极的探险活动。不幸的是，他准备了4年的北极之行被美国的皮尔里彻底打乱，因为皮尔里抢先一步登上了北极点。阿蒙森将懊恼转化为力量，更加积极地继续进行着探险的准备。谁也不知道他将要去挑战南极。1910年8月9日，阿蒙森率领"先锋"号从挪威出发，向南行驶，当到达非洲马德拉群岛时，他给斯科特发了那封信。船员们这才恍然大悟，原来他们要去南极。阿蒙森抱着必胜的信念，誓将在北极未取得的荣耀从南极夺回来。斯科特和阿蒙森，这两个干劲十足的勇士，都将南极视为自己翻身的机会。他们互不相让，开始了一场竞争激烈的南极探险竞赛。

　　各自的基地建成后，斯科特和阿蒙森的南极探险较量也心照不宣地开始了。这不仅是一场意志和毅力的交锋，也是经验和智慧的比拼。随着两支队伍的进军，南极这个冰天雪地的战场逐渐升温。

　　真正的较量开始后，阿蒙森与斯科特分成两路，按各自的计划向最终的极点前进。阿蒙森最先开始设置补给站，从南纬80°开始，每隔100千米设一个食品仓库；每一个仓库旁边都会插上一面挪威国旗，这样，即使在很远的地方也可以看见仓库的位置。他让狗拉着载满物品的雪橇奔走，人几乎不费力气。就这样，他们一共建了3个补给站。当阿蒙森看到斯科特带的是矮种马和摩托雪橇，而自己的是100多条狗组成的雪橇队，此时的阿蒙森心里或许有了些成功的把握。因为他知道矮种马在冰天雪地的南极并不比狗好使。

　　10月19日，阿蒙森率领5名队员从基地出发，开始了这场惊心动魄而又千辛万苦的南极之旅。前半部分的路程主要是靠狗拉雪橇和踏滑雪板前进，后半部分路程需要翻坡越岭——爬过高山，跨过深谷，穿过冰裂缝，克服一切摆在面前的艰难险阻。因为阿蒙森准备充分，加上天公作美，他们能以每天30千米的速度前进。结果不到两个月的时间，阿蒙森一队于1911年12月14日顺利抵达南极点。他们在广袤的冰天雪地中欢呼雀跃，相互拥抱，宣泄心中无以言表的兴奋和激动。之后，他们把一面挪威国旗插在南极点上，设立了一个"极点之家"的营地，进行了一系列考察，然后准备离开。阿蒙森虽已体验过南极行程中的艰辛和危险，对于能否安全回去，他也心里没底。他留下了两封信，一封给即将到达南极点的斯科特，一封给挪威国王。如果自己不幸遇难，他希望斯科特能将他们的光荣事迹带回挪威。但上帝再一次眷顾了阿蒙森和他的队员，他们于 1912 年 1 月 30 日平安回国。而他的对手——斯科特及其团队，却没有那么幸运。

当斯科特的队伍于 1912 年 1 月 18 日艰难地赶到极点后，他们没有一点兴奋的心情。因为他们的梦想已然破灭，阿蒙森早他们一步登上了南极点。那刺眼而浩荡的挪威国旗阵，仿佛是无言的威慑和嘲笑。相差仅仅一个月，他们就被划到了成功与失败的两边。沮丧的斯科特探险队于 1912 年 1 月 19 日踏上了返回营地的旅途。尽管返程中天气恶劣，他们仍在 2 月 7 日完成了 500 千米左右南极点高原部分的旅程。归途中，他们并没有意识到失去的不只是登上南极点的荣誉，更有即将在寒冷和痛苦中燃烧殆尽的生命。斯科特在日记中写道："这次返程恐怕是十分劳累而且无聊透顶的。"确实，梦想的破灭对他们是个沉重的打击，他们的精神支柱已全然倒塌。回去也不会有鲜花和掌声，等待他们的是一如既往的平凡。一个月，改变的却是一生。

北极探险

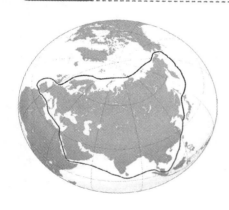

自新航路开辟以来，欧洲的贸易可以向东从大西洋绕过非洲好望角到达亚洲各国，也可以向西经麦哲伦海峡驶入太平洋。从地图上就可以看出，这两条航线都太过漫长，会消耗大量的人力、物力和时间，航行途中的风险也很大。为了缩短从欧洲到亚洲的航行路程，人们从未放弃对新航路的寻觅。1527 年，英国商人罗伯特·索恩提出存在一条从大西洋经俄罗斯沿岸到达亚洲的海上航线，即东北航线。这个说法引起了很多国家的兴趣，一些探险家也试图开辟出这条航道。

18 世纪初的俄国蒸蒸日上，彼得大帝有着豪迈的胸襟和富国强兵的谋略，早就将目光投向了全世界。他组织了一支大北方探险队打头阵，以寻找通向亚洲的捷径，调查亚洲和美洲北部是否相连。彼得大帝将这个艰巨的任务交给了为俄国鞍前马后服务的丹麦人——维图斯·白令。

维图斯·白令

白令接受任务后立即着手航海探险的准备。他夜以继日地起草了一份探险计划，并组织了俄国历史上第一支航海探险队伍。由于当时北方航路还没有开通，要寻找新航路，白令只得先走过一段漫长的陆地，从鄂霍次克出海航行。1725 年春天，白令率探险队踏上了为俄国开疆辟航的征程，一路跋山涉水，风餐露宿，经历着常人不曾经历的艰辛，忍受着常人无法忍受的痛苦。白令作为队伍的精神支柱，更不能流露出一点灰心丧气的情绪。他们不断前行，越走越远，困难越来越多，探险队中的情绪出现了波动，粮草难以保障，不得不杀马充饥，一些队员在风雪中倒下，再也没有站起来……1727 年，探险队抵达鄂霍次克，乘船到达勘察加半岛，在那建立了基地，还建造了两艘船。1728 年，白令率领自己设计的"圣加夫利拉"号探险船从堪察加半岛起航，向北挺进。俄罗斯历史上的伟大航海活动真正开始了。8 月的一天，白令的船队穿过风雨和浓雾，来到了亚洲大陆最东端的海面。向东望去，大海浩瀚无垠，水天一际。此时，白令确定美洲大陆和亚洲大陆之间的确被水隔开了。这一发现令全体队员无比兴奋，整艘船顿时沸腾了。只是因为天公不作美，当时海面上大雾弥漫，白令没有看到对面的北美洲，直到他们穿过整个海峡，大雾都没有散去。白令根本没有意识到，自己正身处这隔开美洲和亚洲的海峡中。

当白令回到彼得堡的时候，他的探险成果并没有得到认同，更没有人想到过白令在探险过程中所遇到的艰难险阻。人们甚至质问他，为什么不继续向西航行，寻找亚洲和美洲之间可能存在的陆桥。遭受指责的白令没有垂头丧气，也没有竭力争辩，他正蓄积更大的力量，向世人证明自己的发现！

背负无理指责的白令于 1733 年率领庞大的探险队，再一次横跨欧亚大陆到达堪察加半岛。经过长达 8 年的精心筹备后，1741 年 6 月 5 日，白令指挥"圣彼得"号向东驶去。7 月的一天，风和日丽，阳光普照，船员们亲眼看到了雄伟壮观、白雪覆盖的山脉。全体船员都向白令祝贺这一伟大的发现。年近花甲的白令没有流露一丝的高兴。他凝望着眼前这片17年前彼得一世派他探索的海岸线，不知道身在何方，展望未来感到忧心忡忡。船逐渐靠近陆地，船员们清晰地看见了那笔直而平坦的海岸，郁郁葱葱的针叶林延伸到了海边。白令确定这就是圣伊莱亚斯山脉。之后，他们陆续发现了美洲东部的岛，找到了阿拉斯加半岛，见到了一些当地的土著居民，种种迹象表明他们确实到达了北美洲。白令紧绷的神经终于可以放松了，长时间的焦虑和担心总算释然。他有了足够确凿的证据证明自己曾经的发现是对的，关于这条海峡的存在也并不是自己的臆想。然而，在他们凯旋的途中，船上1/3的人患了坏血病，探险队也面临着严重的粮食危机。8月3日，他们发现了雾岛；8月5日，他们又发现了赛米迪群岛。由于强劲的逆风阻拦，"圣彼得"号被困在这片海区，整整漂泊了3个星期。这期间，坏血病肆无忌惮地蔓延开了，一些船员的病情加重。见此状况，白令决定立即返回堪察加。返航途中，他们隐隐约约地看见过北面闪现的一片片陆地，误以为那是北美大陆，但后来证实是阿留申群岛。之后，他们又发现了数不清的岛屿群。在这段日子里，天气变得更坏，风暴不断。船员不仅要搏击风浪、苦斗严寒，还要忍受饥饿和疾病的折磨。不幸中的万幸，11月14日，船被风浪冲进了一个海湾。他们登上了陆地，活下来的人们在岛上搭建了临时落脚的房子。此时，白令也不幸患上了坏血病，住在简陋的地窖里。为了使自己暖和点，他把自己埋进沙子里，整整躺了一个月。1741年12月8日，白令凄然地死去。他没能看到那些指责他的人们羞愧的模样，无法再见到那条以他的名字命名的海峡，无法再登上那块以他的名字命名的陆地。最遗憾的是，他再也回不了魂牵梦萦的家园。

泰晤士河

当《圣经》上说美丽的伊甸园在东方的时候，当《马可·波罗游记》中说东方金银遍地、香料如山的时候,开辟通往东方的航路,一时成为西欧人梦寐以求的梦想。大航海时代后,达·伽马和麦哲伦成功地开辟了两条通往亚洲的航线,实现了东西方的海上贸易交往。可是,这两条航线都太漫长了。之后,欧洲地理学家们提出大胆假设,认为应该存在两条通向亚洲的捷径,那就是经过北冰洋的两条航路。如果能够将这两条航路打通,世界航运的利益将被重新分配。在各国寻找东北航路的过程中,经由北美洲北岸的西北航路的探索也如火如荼地展开了。

到19世纪初期,探索西北航路成了英国海军重振海上雄风的大业。到19世纪40年代,西北航路除了还剩下几百英里的地段需要打通外,已基本完成。最后的这段航路一旦成功打通,关于西北航路存在的假设就会得到证实。英国为了争取最后的荣耀,决定派航海大将富兰克林主动出击。殊不知,这也将他送上了不归路。富兰克林从小就对航海有着浓厚的兴趣,并偷偷参加了海军。由于他勇敢机智,16岁便被破格提升为海军上尉,可谓少年得志。1818~1822年,富兰克林参加了两次北极探险,因为他在探险困境中表现得临危不惧、机智勇猛,回国后便成了一位充满传奇色彩的英雄。1845年,即将花甲的富兰克林接受大英帝国海军部的派遣,去打通西北航路最后的通道。5月9日,富兰克林率领129名船员,驾驶当时最先进的两艘帆船——"恐怖"号和"阴阳界"号从泰晤士河出发,开始了当时声势浩大的西北之行。航行开始,一帆风顺。船队在格陵兰岛西岸短暂歇脚之后,顺利穿过了兰开斯特海峡,并于当年夏季安全抵达比奇岛附近海面。这是两个海峡的交汇之处,向西与朝北的水路,都是畅通的。一开始的顺利,让他们认为这是一次必胜的航行。因为他们所驾驶的是两艘重300多吨的三桅帆船,装备有蒸汽机、螺旋桨推进器以及供暖系统等;此外,船上还载有足够吃3年多时间的食物。丰富的食品储备,精良的船只装备,都令

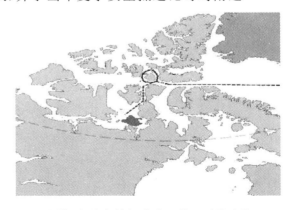

约翰·富兰克林探险队可能经过的路线

船员们斗志昂扬。但是,富兰克林对于这次航行,心里并不像船员们那么信心十足。他曾多次到过北极,对于此次北极探险能否成功,并没有十足的把握。

富兰克林把"恐怖"号留在了比奇岛附近,自己带着"阴阳界"号向着北极驶去。在北纬77°处遇到了坚冰,富兰克林只得掉头南下,绕孔沃利斯岛一周,赶在冬天海面冰冻前回到了比奇岛。富兰克林和船员们在那里渡过了第一个漫长的极地之冬。不幸的是,有3个人没有熬过这个冬天,永远地留在了北极。第二年夏天,当海水解冻的时候,因为向北走行不通,船只好向南挺进,继续寻找西北通道。北极的夏天总是那么短暂。1846年9月12日,海面又凝固了,船被冰封在北纬70°附近的海面上,离威廉王岛不过数千米。随着冬天脚步的临近,寒冷更加肆虐,船员们强壮的身体终究敌不过这次危险的航程。一种怪病迅速在船员中蔓延,夺去了一个又一个鲜活的生命。富兰克林也倒下了,这位北极的常胜将军还是败了一次,于1847年6月11日撒手人寰。这一年夏天,"恐怖"号和"阴阳界"号仍没有冲出包围它们的坚冰。船上的人做了很长时间的思想斗争后,在1848年春天活着的人决定弃船逃命。他们携带几艘小船,乘着雪橇,向南行进。但是,这些船员一个也没有回到英国,离奇般地失踪了。

3. 挑战极限的航海探险

鉴真东渡日本 播撒友谊之花

鉴 真

唐朝是中国古代最强盛的时期,其繁荣的经济、昌明的文化和完备的制度,对隔海相望的日本产生了强烈的吸引力,成为日本竭力效仿的楷模。日本大力派遣留学生到中国,学习中国的哲学思想、文学艺术、医学和建筑等,甚至在衣食住行、风俗娱乐方面也都积极向中国学习。在唐朝的中日文化交流中,有一个名字深深地印在了人们的心中,那就是著名的唐朝僧人鉴真。为了向日本传授佛经,传播唐朝文化,鉴真经历了难以想象的困难和艰辛，矢志不渝地六次远渡日本。不仅为日本带去了光大的佛法，还有医学、建筑等多方面的技艺，对日本产生了深远的影响。

鉴真，俗姓淳于，出生于扬州一个笃信佛教的家庭，从小便与佛教结下了不解之缘。20岁时，鉴真游学两京，钻研律学，并在长安受戒。鉴真勤学好问，博览群书，遍访高僧，融合佛教各家并有独到见解，对其他方面的知识也有广泛涉猎和研究，在绘画、建筑、医药等方面的造诣也很高。713年，鉴真回到扬州弘法传道。很快，鉴真就以其渊博的学识和高尚的品德成为江淮的佛学大师，弟子多达40 000人。

鉴真东渡的艰难和危险难以想象。虽然中国和日本是一衣带水的邻国，相距只有460海里，但在1 200多年前却是艰险重重。当鉴真答应日本使者的东渡请求后，就立即购买船只并筹备粮食和物品，出发之际却出现了变故。同行的道航无意间跟随行的如海开了个玩笑，说他不适合去日本弘化佛法。如海当真，怒火中烧，便跑到当地政府诬告道航勾结海盗准备造反，于是政府派人彻查各寺，搜捕荣睿、普照等，并没收了海船。就这样，渡海搁浅。

第一次东渡失败后不久，鉴真自己出钱买下了一条军用旧船，准备了各种佛经、佛像、佛具等，并雇佣了80名水手，还请了画师、雕佛、刻镂、玉作人等技艺人才85人，连同祥彦、道航、德清和已释放的荣睿、普照等17人，于743年2月从扬州起航，沿长江东下。不料，航行中遭遇狂风大浪，破旧的军船被严重损坏，无法继续行驶，只好退岸维修。但这艘船实在太旧了，经不起大风大浪，不断有水进入，干粮也被浸泡而无法食用。他们在海上漂了一个多月后才被官船救回，此次东渡又以失败告终。

两次东渡的失败，并没有消磨掉鉴真的意志。当时，唐玄宗崇信道教、贬抑佛教，许多佛家弟子转而屈服于道教。唐玄宗想派遣道僧前往日本传教，遭到拒绝，一气之下，便下

阿育王寺

令禁止鉴真东渡日本。作为佛教律宗后起之秀的鉴真当然不会向道教俯首，更不会在困难面前屈服。可就在他们再次准备东渡的过程中，被人告密。随后才知道是越州的僧人知道事情后，为了留住鉴真，才出此下策向官府控告有日本僧人想引诱鉴真逃出我国。鉴真的第三次东渡再次夭折。

三次东渡未成，并没有改变鉴真东渡的信念。为了掩人耳目，鉴真决定率领30多名僧人从阿育王寺出发，到福州买船出海。刚刚到达温州，鉴真一行就被官兵重重包围，被强行带回扬州大明寺。鉴真对此一直不解，这次出行如此谨慎，怎么会惊动了官府呢？原来，鉴真在扬州的弟子灵佑不忍心年近花甲的师傅冒险东渡，去官府报了信。只是因为弟子的好意，第四次东渡又没有成行。

748年，鉴真率领14名僧人、21名工匠和水手，于当年6月从扬州出发，再次东行。刚出海的时候一帆风顺，海鸟飞鸣，波澜不惊。10月中旬，海上突然起了大风，船只遭到了狂风恶浪的袭击，被强大的北风裹挟着向南航行。船上的人有的头晕，有的呕吐，忍饥挨饿，受尽磨难。船失去控制，只能听天由命。他们在海上漂流16天后登上了一个鲜花盛开、四季常春的地方，发现并不是日本，而是到了海南岛。在鉴真停留海南的一年中，他为当地人们带去了中原的文化和大量的医药知识。随后，鉴真往北行进，途中，荣睿因病不治身亡。鉴真十分悲伤，下决心一定要到达日本，完成荣睿的心愿。之后不久，普照也放弃了，离鉴真北去。此时，由于水土不服，加上劳累过度，鉴真得了热病，眼睛逐渐模糊，不久后双目失明。悲痛远不止这些，鉴真最为得力的弟子祥彦也因病去世，更使得鉴真肝肠寸断、悲痛万分。经历了种种磨难，但鉴真依然不改初衷传播佛法。怎能惧怕磨难？鉴真把这些磨难当做上天对他的考验。回到扬州后，鉴真再次着手准备东渡。

扬州大明寺鉴真和尚纪念堂

听说鉴真不畏艰难曾五次

东渡，日本非常感动，对鉴真极为敬佩。于是 753 年，日本再次派遣唐使到扬州拜访鉴真，请求他随行日本。此时，年届 66 岁高龄且双目失明的鉴真毅然答应东渡。听到鉴真又要出海的消息，出于对鉴真安全的考虑，扬州僧众极力反对并严加看护。鉴真无法脱身，眼看东渡计划又要搁浅。正在这时，鉴真的一个弟子听说了师傅东渡受阻，十分感动和同情，决定帮助鉴真一行离开扬州。行动顺利，鉴真终于搭乘了日本遣唐使的船，开始了第六次东渡。经过两个多月的艰苦航行，鉴真终于抵达日本奈良，受到当地官府的热烈欢迎。

　　从鉴真日本使者的邀请，整整过去了 11 个年头。其间，先后经历五次东渡的失败，200 余人中途放弃，36 人献出了宝贵的生命，只有鉴真笃志不移、百折不挠，实现了毕生的宏愿。

人类首次飞越大西洋

　　如今的圣路易斯是美国东部的大城市，但是 100 多年前它只是座简陋的小城。就是这座小城，1904 年出人意料地获得了奥运会的主办权，这应该归功于"圣路易斯精神"号所创造的奇迹。"圣路易斯精神"号飞越大西洋的成功，人们不禁对这座城市的勇气发出由衷的赞叹。

　　法国富商雷蒙·欧尔德 1919 年初向世人宣布，不管是谁只要能从巴黎不着陆飞行到纽约，这个人就可以获得奖金 25 000 美元。消息一传出，跃跃欲试者大有人在，但无一成功。这时，一个年轻的美国人引起了人们的注意，他胸有成竹地宣称将在 5 月份单身完成飞越大西洋的挑战。这位"口出狂言"者就是年仅 25 岁的查尔斯·林登伯格。他 1902 年出生于美国的密执安州，从小就对机械有着浓厚的兴趣。中学毕业以后，他进入一所航空大学学习飞行，毕业后，没费

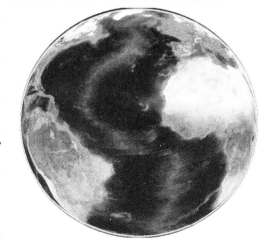

大西洋

多少力气就获得了空军后备队少尉的军衔。随后他被圣路易斯公司雇佣，并被选为从圣路易斯到芝加哥航空邮政航线的飞行员。他已经在这条航线上飞行了 5 万英里。所以，有着丰富飞行经验的林登伯格在听说有一个 25 000美元的大赛后，就毫不犹豫地参加了。这次不仅有利益上的诱惑，更将是一次名垂青史的机会。正是林登伯格的这次勇担重任，才成就了他后来的神话。

查尔斯·林登伯格

在接受任务后，林登伯格开始为挑战进行着精心的准备。幸运的是他得到了圣路易斯市商会 8 名商人的支持，这些对机会有着敏锐嗅觉的商人意识到此举可能产生巨大影响，决定出资为林登伯格建造一架飞机，唯一的条件是飞机以"圣路易斯精神"号命名。尽管那时已有飞机，但是飞行员常常成为飞行事故中的牺牲品，更何况即将飞越的是辽阔的大西洋。在公众看来，林登伯格的这次挑战无异于自取灭亡。更何况在林登伯格之前，就已经有人为此献出了生命。美国人诺尔·戴维斯和史坦顿·沃斯特于 1927年 4 月在飞行中相继发生事故，法国的两名飞行员也在飞行途中发生意外，飞机下落不明，两人生死未卜。接连发生的几次事故，在人们心头蒙上了阴影。更令人担心的是，林登伯格在飞行途中只有他自己一个人，在长达四五十个小时的行程中他将如何抵御睡眠的侵扰？而他那架造价低廉、结构简单的飞机更使人们对他的最后一点信心也消失殆尽。为了减轻飞机的重量，林登伯格尽量减少带上飞机的东西，没有刹车系统和无线电，也没有降落伞，他甚至把自己穿的皮鞋也削去了一部分鞋底。更糟糕的是，电台预告 20 号大西洋上空将会出现恶劣的天气。林登伯格还没有出发，人们就替他捏了一把汗。

但是，林登伯格并没有被困难吓倒，因为他此前的生活都与飞行有关，走南闯北遇到过不少困难和危险，但每一次都能化险为夷。在美国的邮政飞行记录中，林登伯格竟四次坠机而大难不死，被同行称为"幸运小子"。辉煌的飞行履历加上年轻人的豪情，林登伯格对这次挑战充满期待,他相信自己一定会成功。乐观成就未来。

林登伯格和"圣路易斯精神"号飞机

机会留给有准备的人。在飞越大西洋之前,林登伯格对刚建成的"圣路易斯精神"号进行了严格的检查。他于1927年5月10日驾驶飞机从圣迭戈起飞到达圣路易斯,又在5月12日飞抵纽约。通过几次试飞,他不仅打破了从美国西海岸飞抵东海岸的飞行纪录,也对飞机的性能进行了全面的检验。1927年5月20日,林登伯格登上了那架没有无线电甚至没有降落伞的单引擎飞机——"圣路易斯精神"号,大有破釜沉舟、背水一战的气势。7点52分,林登伯格从纽约长岛的罗斯福机场起飞,开始了这次史无前例的横穿大西洋的飞行。刚一开始,由于油加得太满,飞机跳跃着向前冲去,几乎撞上了一辆拖拉机,又有惊无险地跨过了一条排水沟,接着才慢慢飞起来。人们抬头仰望着渐渐从视线中消失的飞机,默默为林登伯格祈祷,希望他能平安到达巴黎。因为没有通讯设备,所以从林登伯格驾驶的飞机驶出人们视野的那一刻起,他将孤军奋战。飞行过程中,林登伯格密切注视着驾驶舱里的罗盘,他要一直向东前进,飞渡大西洋。在这场一个人的战斗中,他经历了很多难以想象的艰辛。3 000米的高空,大雾弥漫,几乎什么都看不见,还要在黑暗中、在冻雨中飞行。当晚上经过大西洋中部的时候,浓雾和黑暗几乎使他迷失方向。由于是一个人驾驶,严重的睡眠不足也在折磨着他的身体和意志。林登伯格打开窗,任冷风吹拂脸庞,还把手伸出窗外,避免飞行途中睡觉;他还不断地拍打自己的脸,使自己保持清醒,他甚至尝试过两只眼睛轮流休息。飞行途中的种种困难并没有吓退林登伯格,他以坚定的信念执著前行。

33个小时过去,飞过3 614英里后,巴黎上空传来了越来越近的马达声,探照灯捕捉到了"圣路易斯精神"号。飞机终于安全地在巴黎布尔歇机场降落,15万多人对他的成功飞抵正翘首以盼,祝贺他实现第一次连续飞行穿越大西洋。当林登伯格从机舱里出来的时候,此时的他无异于天外来客,给巴黎、给美国、给世界带来了巨大的震撼。沸腾的人群聚集在巴黎,汽车成行成列地拥满了整条大街。人们高呼"林登伯格万岁!美国人万岁!"林登伯格赢得了巴黎人的心。纽约人也拥到时代广场,看着林登伯格飞行进程的公告牌,不断打电话询问林登伯格的情况。林登伯格的飞行牵动着全世界人民的心。成功飞越大西洋的林登伯格,俨然成了世界英雄。各种奖章和荣誉一时间纷纷涌来。法国总统、英国皇室和比利时国王都分别授予他勋章。柯立芝总统甚至派出了一艘军舰迎接其归国,授予他卓越飞行十字勋章,还任命他作为军官后备队的上校。

三、科学考察

浩渺无际的大海,人类自古以来就对它有着深深的情感,赞扬它浩瀚无边,欣赏它包容世界同时,人们也对它有着许多的疑问:苍茫的大海到底有多深?蔚蓝的海洋到底隐藏着怎样的世界?但是,古人除了结网而渔之外,也只有望洋兴叹。后来,勇敢者开始向着海洋发起探索,试图寻找大海的秘密,但这种努力也只是蜻蜓点水。随着陆地资源的日渐枯竭,紧迫的形势已经不容许人类对大海只抱有欣赏的态度,人类对大海的了解再也不能浅尝辄止……

1. 中国极地科学考察

北极,我们来了——中国北极科学考察

北极,这个曾经陌生的名字,如今已不再遥远。当人类将地球的腹地开辟殆尽之后便将目光转向了世界的尽头——南极和北极。人类造访的脚步从此便没有停歇。寒冷再也震慑不住那些为梦想、为财富而纷至沓来的人们。当世界的目光开始聚焦北极的时候,中国也不再袖手旁观,因为北极的呼吸、北极的冷暖都与我们息息相关。1999年我国正式开展了一次大规模的北极科学考察,取得了辉煌的成绩。从此,中国开始真正地了解北极,成为北极的"常客"。

人们通常所说的北极指的
是北极地区,即北极圈以内的
广大陆地和海洋。北极是名副
其实的冰天雪地,气温常常在
摄氏零下几十度。纵使极度寒
冷,生命的奇迹依然在这里上
演。北极存在着成百上千种植
物,如地衣、苔藓和开花植物
等;动物有我们最熟悉的北极
的霸主——北极熊,还有那些

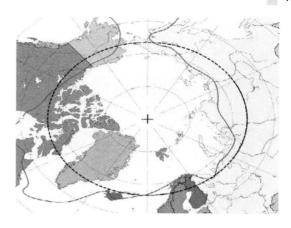

可爱的小旅鼠、北极兔、北极狐等。而北极真正的主人则是居住在那
里以因纽特人为代表的土著居民。北极最惹人注目的是它所拥有的
巨大财富潜力,不仅石油、天然气、煤炭资源和水电资源丰富,还有着
大量的铁、铜、镍等金属矿产资源。1 000 亿～2 000 亿桶的石油开采
储量和 50 万亿～80 万亿立方米的天然气使北极被誉为“地球尽头的
中东”。另外,北极丰富的淡水资源也是一笔不小的财富。在资源日
益紧张的当今社会,蕴藏巨大宝藏的北极令世界各国怦然心动,尤其
是号称“北极八国”的美国、加拿大、丹麦等更是摩拳擦掌,跃跃欲试,
甚至有的国家已经捷足先登。此外,北极还是未来的黄金水道。如今
的北极“衣服”越来越薄,而它却越来越“热”。随着全球变暖,北极
冰层正慢慢融化。有专家估计,大约在 2040 年夏天北极的冰盖将完
全融化,到那时欧亚美三大洲之间便可以通过北极出现的两条新航道
来交流了,这要比巴拿马和苏伊士运河方便许多。不过,冰盖完全融
化对人类的生存与发展来说,也并非好事。

　　1999 年 7 月 1 日,我国开始首次北极科学考察。相比于以前民间
组织的考察,这是一次由政府部门组织的大规模综合性科学考察。考
察队伍也是相当庞大,不仅有众多的中国科学家,还有来自日本、韩
国、俄罗斯等国家的科学精英,另外还有多国媒体期待着向世界展示
这次伟大的历程。考察人员乘着曾经多次勇闯南极的“雪龙”号从
上海出发向北极进军。“雪龙”号一路破冰斩浪,先是穿越了日本海,
绕过了宗谷海峡,然后穿过了鄂霍次克海和白令海,并两次探访北极

"雪龙"号

圈，之后又拜访了楚科奇海、加拿大海盆和多年海水区，顺利而圆满地实现了预定的三大考察目标：探讨了北极对全球气候变化的影响和中国气候变化与北极的联系；认识了北太平洋环流异常与北冰洋和北太平洋水团交换之间的关系；了解了北冰洋近海生态系统及生物资源对我国渔业发展的影响。初次探访北极的"雪龙"号历经 71 天，航行 14 180 海里，航行 1238 小时，1999 年 9 月 9 日"雪龙"号返回上海港。此次北极考察出师大捷，获取了大量的一手资料、样品和数据等。首次建立了一个北冰洋浮冰上的联合观测站，抽取了海面以下 3 000 米深处的沉积物、5.19 米长的沉积物岩芯和大量的冰芯以及浮游生物等，发现北极上空裹着的厚厚"棉被"——逆温层的屏障作用，还发现北极地区的对流层相对较高并首次确立了"气候北极"的地理范围等，这些信息的掌握都有利于对我国季节和气候变化的研究。此次考察为我国以后的北极科考打下了坚实的基础，充分显示了我国不断增强的综合国力和日益提高的科技水平，向世界昭示着中国在 21 世纪将大有作为！

从此，我国对北极的科学考察越来越深入和全面。2003 年，国家海洋局组织了一次关于北极气候的科学考察，标志着我国北极考察实力达到国际水平。2008 年，我国成功开展了第三次北极考察，在海冰快速变化和海洋生态系统响应综合研究方面取得了辉煌战果。2010 年，我国开展了第四次北极科考，各项科研都取得了丰硕的成果，创造了多项纪录。对于北极，我们还会进行更多的考察。

成就冰雪王国——中国南极科学考察

2000 多年前，希腊哲学家曾预言了南方大陆的存在。一个世纪以前,地球上最后一块没有人迹的大陆,终于被冰雪勇士阿蒙森和斯科特征服。从此,南极不再是一个传说,也不再是遥不可及的世外桃源。随着人类的不断造访,南极的神秘面纱慢慢被揭开。茫茫的"白色荒漠"除了酷寒和风暴之外,也埋藏着无数的科学之谜。南极,凭借其神奇的魅力,成为人类科学探索的圣地。随着对南极考察的深入,人们越来越认识到,南极洲与人类的生存和发展密切相关。尽管人类已经征服南极,可对于中国来说,南极依旧神秘而令人敬畏。过去太长的时间里,我们只顾扫"门前雪"而把南极这块与自己息息相关的大地,当成了无须关心的"地上霜"。当中国逐渐走向世界的时候,我们也开阔了视野,对南方那个冰雪王国充满了期待。

南极洲

1984 年 11 月 20 日,中国南极考察队带着祖国和人民的期望,以 500 人的庞大阵容,乘着"向阳红10"号和"G121"号浩浩荡荡地从上海出发,开始了南极之行。万吨轮船,慢慢地离开祖国,驶向茫茫大海。纵使有台风的光顾,纵使有海浪的侵扰,船队依然雄纠纠、气昂昂地向南挺进。经过 40 多天的长途跋涉,梦想中的南极洲终于展现在科考队员的眼前。一个冰雪的世界,一片传奇的冻土——南极洲,我们来了! 1984 年 12 月 30 日,考察队全体人员顺利登上乔治岛,激动地把五星红旗插在了南极洲的土地上。鲜艳的五星红旗给这片银白色的世界增添了亮丽的色彩。南极迎来了黄皮肤、黑眼睛的中国人,人们欢呼着、雀跃着,内心充满了激动。

从 1985 年元旦开始,考察队全体官兵战寒风、斗霜雪,在冰天雪地里进行着伟大的建站工程。尽管南极以一种喜怒无常的性格来对待工作的人们,但我国科考勇士不怕劳累、不怕艰苦、日夜奋战。哪怕是在雨雪交加的日子里,衣服湿透了,手磨破了,也没有人因为寒冷

南极极点

而退缩，没有人因为疼痛而叫苦。1985年2月20日，在春节这一天，考察队从南极给中国人民送上了一份厚礼——长城站正式建成！这个伟大的壮举感动了全中国。从此，中国有了自己的南极科学考察站，与智利弗雷总统站、俄罗斯别林斯高晋站、阿根廷尤巴站等一起，傲立在乔治王岛上。

南极大陆是世界第七大陆，面积也相当广阔，那么，什么地方最具科研价值呢？那就是各国必争的南极四点：极点、冰点、磁点和高点。但是，南极点已经被美国捷足先登，建立了阿蒙森—斯科特站；南极磁点也被法国占据，建立了迪蒙·迪维尔站；南极冰点则被前苏联建立了东方站。只剩下具有"不可接近的极点"之称的冰点——冰穹A尚未被人征服。

高点，因其最难征服，成为南极人迹未至的最后一点。为了祖国的荣耀，13名科考勇士迈着坚定的脚步踏上了那条充满艰辛的征程。一路上除了耳边有风啸啸而过，就只有脚踩雪地发出的"嘎吱、嘎吱"的声音。随着脚步渐行渐远，他们越来越感到孤独和恐惧。在大自然面前，人是强大的，也是渺小的，关键是要有坚强的意志和超常的勇气。就是凭着这样的勇气，2005年1月28日，13名科考队员终于闯过生死关，登上了南极之巅，首次登上了遗世独立的冰穹A，展现了人类伟大的毅力和勇气。接着，我国进行了为期130天的格罗夫山地区科学考察。因为中国率先进行了中山站与冰穹A地区的考察，所以国际南极事

昆仑站

务委员会通过决议,准许中国在冰穹 A 建立考察站。之后,我国科考队进行了周密的安排和准备,建站工作正式开始。

在一片冰雪中,在一片旷野里,冰峰之站的建设突飞猛进,经过一番艰苦奋斗,中国在南极又筑起了一座坚实的科学长城。2009 年 1 月 27 日,昆仑站正式建成。这是我国第一个南极内陆科学考察站,也是我国第三个南极科考站。傲立于南极"冰盖之巅"的昆仑站,气宇轩昂地宣告:中国已经成功地屹立于国际极地考察的前沿,成为第七个在南极内陆建站的国家。昆仑站的建成,成为中国从徘徊于南极大陆边缘向南极腹地深入的标志。

2. 海洋生物普查

自古以来,人类便对浩渺无际的大海充满了敬畏与好奇。大海以其神奇的魅力吸引着人类不断地探索和发现。尽管勇敢的跋涉者、游泳者和航海家等已经对海洋进行了几千年的探险,但发现远未穷尽。那么,大海到底是什么样子的呢?大海里的生物到底有多少?调查浩瀚的海洋一直是人类的梦想。终于,当人类历史的车轮转到 21 世纪,全世界开展了一场宏伟而艰巨的"海洋人口"普查行动。世界很多国家的科学家们齐心协力,把从北极到赤道再到南极的 25 个海域细细地造访了一遍。普查获得了丰硕的成果,人类又发现了很多令人惊叹的海洋新物种,对大海中这些"熟悉的陌生人"有了全新的认识和了解。但是,普查结果也有令人担忧的一面,即一些海洋生物正逐渐从地球家园消失,保护海洋环境刻不容缓。

全球海洋生物普查，并不仅仅是对海洋里的生物"查户口"，它还包括一开始制定普查任务书，汇集、展示后期的成果等等。如此宏伟而艰巨的工程，单靠一个国家的孤军奋战不可能完成，只有通过全世界不同组织以及专家和民众的共同合作，才能够全面地了解海洋及其内部缤纷的生命。

这场声势浩大的普查行动，耗资近 10 亿美元，由全世界 80 多个国家和地区的 2 700 多名科学家共同参与。在风风雨雨的 10 年艰苦奋斗中，他们进行了 540 多次的远航，动用了全世界一半的大型考察船和潜水器，在海上度过的总时间超过 9 000 天。为了不令世界人民失望，为了得到一份满意的普查结果，科学家们对大洋和海域进行了拉网式搜查，浅海和深海的，寒冷和滚烫的，阳光和黑暗的，各大海域都留下了他们的身影。

3."黑色海洋"中的极限生命

海洋深处令人恐惧，那里没有阳光，到处黑漆漆的，而且水压巨大，甚至还有高温、高盐、高酸等极端环境。所以，人们一直以为深海就是生命的荒漠地带。但事实并非如此，深海并没有将生命遗忘。在那片幽深的海域里，依然存在着大量的生物，即使是在温度高达几百摄氏度的火山口和热液喷口处，它们也能生活得自由自在。因为这些生物比其他的生物更神奇、更顽强，并以崭新的面貌诠释着生命的含义。它们带给人类的不仅是惊奇，还有感激。

深海生物

你听说过"黑色海洋"吗？在我们的印象中，大海是蓝色的，像天空一样浩瀚无边。但是最近，大海又多了一个新名词——黑色海洋。在一场"海洋经济与技术研讨会"上，中国工程院院士金翔龙首次提出"黑色海洋"的说法，让人耳目一新。黑色海洋不但没有阳光，而且高压、高盐等，条件极其恶劣,超出了我们印象中生命存在的极限。但是,在这个黑色世界中依然奇迹般地生存着大量的生物,它们并不需要进行光合作用,依然能够快乐地生活。除了令人惊叹的生物之外,黑色海洋中还有丰富的矿产资源,像大家熟知的石油、天然气等。但是,这些矿产资源是不可再生的,它们总有枯竭的一天。天无绝人之路,经过科学家们的努力,人类在海洋里又发现了大量能源,比如有一种能够燃烧的"冰"——天然气水合物,它的储量竟是石油、天然气总和的两倍!如此神奇的黑色海洋,还会带给人类怎样的惊喜呢?

美国科学家们于1977年2月乘坐"阿尔文"号载人深潜器在东太平洋下潜。当他们下潜到几千米的海底时,发现依然有生物存在,否定了深海是生命禁区的说法。尤其是在一些火山口、海底热液喷口等处,尽管那里的温度高达数百摄氏度,压力也足以将一只易拉罐瓶压扁,但它们的周围仍然存活着许多长管虫、蠕虫、蛤类、贻贝类,还有蟹类、水母等形状奇特的生物群落。根据人们通常的认识,大部分动植物无法在高于40 ℃的环境中长期生存;当气温超过65 ℃时,很多细菌难以存活下来。但是,这里的生物即使在250 ℃的环境中依然能够生存。如此奇特的耐高温本领,使科学家们大开眼界。于是,科学家们将这神奇而五彩缤纷、生机勃勃的海底称为"生命绿洲"。

在这些令人惊奇的深海生物中,那团团簇簇的红冠蠕虫最为引人注目,它们当中体型大的竟然长达2～3米。它们通常用白色的尾巴黏附在80 ℃高温的热液喷口岩石上,而将其身体的其他地方远离"高热区",以此来保护它们柔软的身躯。但是科学家一直无法理解,为什么这种蠕虫的尾巴能够承受80 ℃的高温而不解体呢?这完全颠覆了人类现在所了解的生物机理。如此高的温度,它们的酶、蛋白质等早就该失活变性了。这种能够忍受高温的蠕虫既没有眼睛也没有嘴巴,也没有消化系统,只能靠从

生命的奇迹

管状身体顶端探出的部分过滤海水中的食物为生。那么,红冠蠕虫以什么为食呢?那些蛤类、贝类等生物又是以什么为生的呢?研究这些生物链中的初级生产者或许更有价值。

我们经常说,大鱼吃小鱼,小鱼吃虾米,虾米吃海藻。因为海藻依靠光合作用产生有机物,奠定了食物链的最初一级,所以,鱼儿才能生活。但是,在远离阳光几千米的黑色海洋中,在火山口和海底热泉处,植物并不能吸收阳光产生有机物,所以植物无法生存。那么,其他生物会以什么作为食物呢?原来,海水在顺着地壳裂缝渗到地层深处时,海水中所含的硫酸盐会在高温、高压的作用下转化为硫化氢,就是这种有着臭鸡蛋气味的化合物成就了深海生物在海底的生存。一些细菌正是以这种令人反胃的硫化物作为食物,加上温泉热能也对它们的繁殖起了重要作用。另一方面,这些细菌也成了某些小动物赖以生存的食物来源,如成年的红冠蠕虫体内充满了这些细菌。红冠蠕虫用它们红色的鳃吸入硫化氢气体提供给共生细菌,而共生细菌为它们提供了生存的能量和营养。大的深海动物又以小的动物为食,形成了一条新的"食物链"。这些细菌并不是依靠阳光生存,而是借助一种来自地球内部的热能维持生命,这个过程叫"化学合成"。天生的耐高温,加上有食物来源,各种蠕虫、贝类等便可以在这里安居乐业了。

第四部分　青岛海洋民俗文化篇

青岛是闻名中外的海滨旅游城市,蔚蓝的大海,青翠的山峦,温润宜人的海洋性气候使青岛成为中国最具魅力的海滨城市。同时,作为全国历史文化名城,青岛悠久的古代文明和"红瓦绿树、碧海蓝天"的近代城市景观,又使其充满着迷人的文化神韵……

一、青岛居住民俗

居住(又称"住所")是人类抵御风寒和休息繁衍的场所,是人们赖以生存的重要条件之一。受生活的地域、环境条件等影响,我国各地居住类型、房屋样式都有所不同,居住风俗也多种多样。

1.村庄

青岛地区农村村庄大小不一,少者几户,大的数百户,近年又出现了不少千户大村。

"参差十万人家"

1897 年后，德国、日本先后侵占青岛。随着港口和市政的建设，大批农民涌入市区，当时西镇一带建起了 10 个平民院，台东镇的南山、仲家洼等处也陆续出现了一些棚户区。这些院区建房无规划，房屋低矮阴暗，环境恶劣，除"人"字型屋顶外，还出现了许多一面坡房屋，人们习惯叫"道士帽"。由于居住环境、条件的改变，一些千百年来传承下来的居住民俗也就无法延续下来。

20 世纪 80 年代起，政府推行旧城改造工程，90 年代又实行安居工程。现在，平民院和棚户区已相细建成居民小区，楼群林立，环境优美，人们居住条件大为改善。 在此期间，青岛地区农村的老式住房也多为美观的住宅楼代替。居住由单纯实用型向注重审美型发展。一些现代建筑材料被广泛采用，不少村庄也出现了楼群。

青岛农村除极少数住"山庵"的看山人外，多聚集一起居住，因而构成大小不同的建筑群，称作"村"、"庄"、"仝"或"屯"。

有些村名很有特色，也很有趣，如莱西张哥庄是因为有一个姓张的汉子在这里安家落户而得名。此人豪爽，乐于助人，附近人尊称为张哥，村名也就成了张哥庄。因"哥"、"格""戈"同音，以后就出现了像周戈庄、夏格庄等村名。这种以姓氏为名的村庄非常多，有的直接叫"岳家"、"赵家"，有的则加"屯"、"沟"、"店"等字，叫"梁家仝"、"于家屯"、"王家沟"、"徐家店"等。有的村是以建村人的特征而得名。莱西有个李胡子庄，是因为清嘉庆年间，一个叫李克用的人来此建村，他胡子很长，人称"李胡子"，日久，这村就叫做"李胡子庄"。后来，有人感到此名不雅，民国初年该村名就演化成今天的"李虎庄"。也有的以建村人的职业为村名。崂山有个皂户村，因为明永乐年间有几家用灶具烧盐户来此定居，宋代称盐户为"皂户"，这个村也就叫做"皂户村"。有不少村庄是以神话传说中的名称命名的。崂山有个女姑山村，因为村南有

村碑

个"老姑庵"庙,庙内的主神人称"女姑",传说是《封神榜》中赵公明元帅的妹妹,人们就把村名定为"女姑山"。登瀛村是传说秦人徐福为取长生不老药,由此登程去仙岛瀛洲而得名。崂山石老人村村名,不但源于一个优美的神话故事,还因为村前海边有一块状似老人的巨石。有的村庄以旧时驻军军屯或官屯为名,如鳌山卫、雄崖所、营上、黄官屯等;有的以寺庙、古家为名,像庙头、家子头、庙东、石佛院等;有的以地理环境取村名,如簸箕岭,因其地形像簸箕而得名;还有以建村时当地的村木花草为名,如桃林、枣园、柳树屯、榛子沟等。1979年,青岛开始地名普查,对重复的和不雅的村名进行了调整,村名和村名用字都达到了标准化、规范化。

2. 院落

过去,青岛农村地区许多人家都喜欢设前、后两院。前院面积大,是一家人平日活动的主要场地,院里建猪圈,栽种石榴、月季等花卉树木。后院很小,用处不大,只是为了挡住后窗,认为后窗临街"不成住处"。如今,随着人们观念的转

农村院落

变,加上土地的宝贵,已很少有人设后院了。院子周边的墙叫"院墙",旧时多用石块垒成。在临街墙上,镶嵌带"鼻梁"的石块,用以拴骡马,叫做"拴马石"。院墙上面抹石灰或泥,叫做"打墙头顶"。院墙上面抹成半圆形,叫做"和尚头"。如今,院墙多用石块垒下部,上面垒砖,外面用水泥抹平;也有的用砖或水泥砌成几何图案,称为"花墙"。院墙不得高于屋檐。临街院墙处留有大门口,俗称"街门"或"街门口"。街门多为南向或东向,胡同里也有西向的,但很少北向的。街门要与对门邻居的大门口偏离,叫做"斜对门"。

大门一般漆为黑色,老辈有功名的人家可漆红色。门为两扇,每

扇装一个铁制的门环，左边的门环连着门内"摇关"，"摇关"可转动，供随手关门用。有的人家还在门上装有铁制的环扣，叫做"门划拉"，用以锁门。门上部修有门楼，旧时大门和门楼都是财势的象征，富有人家的门楼修四角飞檐，上饰有"龙头"、"寿狗"等吉祥物，大门高大，彩画装饰。平常人家的大门、门楼都很简陋，门楼多用草毡，有的大门

农村房屋大门

没有门楼，叫做"土门子"。大门内大多建有影壁，俗称"照壁"（砖砌屏风），上写"福"字，或绘有鹿、鹤等图案，一求吉庆，二作装饰。

3. 房屋

青岛农村地区多住平房。旧时，房屋结构为起脊，用梁、柱构成骨架，土墙草顶，木棂窗户（间有石墙瓦顶）。一幢房屋 3、4、5 间成套，坐北朝南的房间为"正屋"，坐南朝北的为"倒屋"，东西两侧为"厢屋"，分别叫做"东厢屋"、"西厢屋"。正屋中间一间为"正间"，两边分别叫做"东间"、"西间"，再往里叫做"套间"。正间设锅灶两个，通东、西间炕内，供冬季热炕取暖。旧时，正间与东间墙壁上多留一小方洞，叫做"灯窝"；洞内可放油灯，这样一盏灯可照明正、东两间房，可节省灯油。也有的人把它叫做"婆婆眼"，说从方洞中可看到灶间的行动，供婆婆监视媳妇用。在正间的上方用木板或高粱秸扎顶棚，也叫做"天棚"，冬天可用来存放地瓜。东、西间多用花纸贴棚顶，装饰有蝙

农村房屋

蝠、团花等剪纸，叫做"仰棚"。

人口多的人家，通常长辈住正屋，幼辈住厢屋。住一幢房子的，长辈住外间，幼辈住里间（套间），长辈住东间，幼辈住西间。厢房夏热冬冷，通风采光又差，所以民间有"东厢西厢，不孝的儿郎"、"有钱不住东厢房，冬不暖、夏不凉"的俗谚。富有人家的厢房多不住人，用做饲养大牲畜或安石磨作磨房。

建房（青岛人叫做"盖屋"）是一家人的大事，旧时，看风水、择宅基、安门框、做梁椽等都要经过多种仪式和活动，其中要属上梁仪式最为热闹、隆重。上梁时一块红布，叫做"挂红"。梁檩上要贴上"上梁大吉"等字样的横坡，还要绑上筷子，用红绳系上铜制钱，挂上红布等饰物，以求吉利。上梁时，房屋四周燃放鞭炮，正间当中安设方桌，摆设供品，点燃红烛，由建房人家的主人跪拜。莱西一带在上梁时，两位木匠、瓦匠师傅还要边唱喜歌边往下扔一些龙、凤、虎、蝶等形状的小饽饽，逗引孩子们哄抢。上梁仪式结束后的当天，主人要在新房设宴请亲朋、工匠和帮工者，酒菜一般都很丰盛。

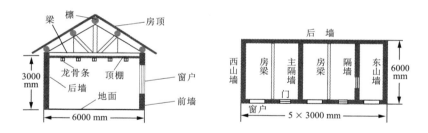

农村房屋结构示意图

现在，民间建房"看风水"和"摆供求神"等旧俗多已废除，但在梁、檩之上贴横批、坚联，以及放鞭炮等求吉习俗仍流行。

20世纪70年代开始，农村建房由生产大队（村委会）统一规划，街道、房屋逐步达到布局整齐划一，房屋也多为砖石墙、瓦顶、玻璃窗户。伙房、寝室、会客室分别设置，厢屋多为水泥平顶，用以晒粮食或夏夜乘凉。80年代后，老旧草房基本绝迹，有些农村已是楼房连片，农民的居住条件大为改善。

在居住民俗中，也有许多禁忌，但多带有迷信色彩，如过去有的地方农历五月忌盖屋，说五月为恶月，盖屋家中要死人，显然没有科学依据；住所大门忌冲着山丘，河流、大道、水井和坟墓，说这样会遭邪气和不吉利，若无法避开，则要在门上挂"八卦镜"破解；宅基不能直冲通街道，

农村房屋

也不能面对庙宇，如无法避开，要在宅子外面一角安一块小石碑，上刻"泰山石敢当"5个字；建房用的木料，忌用楸木、槐木，因"楸"、"槐"沾着"火"、"鬼"二字，恐不吉。

在院内还忌栽桑树、柳树和杨树，俗称前不栽桑，后不栽柳，院内不栽"鬼拍手"。因为"桑"与"丧"同音，出门风丧不吉；柳不结籽，恐无子绝后；栽"鬼拍手"（指杨树）则怕招来鬼魅，宅室不字。如今，已很少有人相信有什么鬼魅了，但农民院子内外至今仍不栽植以上3种树木。

4. 青岛市区特色街道——中山路

历史无言，逝者如斯。今天的青岛日新月异、步履匆匆，而佛去历史的风尘，那印刻着无数实事履痕的老街，犹如青岛百年历史的枝与

青岛市中山路

叶，鲜活地反映着城市历史文化的脉络，印记着城市所走过的坎坷而艰辛的脚步……

青岛的中山路是一条有着百年历史、闻名全国的商业街，曾经是青岛的"名片"，也可以说是青岛商业的"母脉"。

这条南接著名的风景名胜——栈桥，北接老青岛著名的"大窑沟"约1 500长、呈南

北走向的商业街创始于 1897 年德国占领时期。原分为两段,南段是栈桥至德县路,属德国等欧美侨民居住地,史称"青岛区",也叫"欧人区";北段自德县路至大窑沟,属国人居住的"鲍岛区",也称"华人区",俗称大马路。1914 年开始,日本取代德国对青岛进行了 8 年的殖民统治,这条路改名为静冈町,至今还留下了日本商号的一些遗迹。1922 年中国收回青岛,则更名为山东路。1929 年 5 月 22 日为纪念孙中山先生,改名为中山路。沦陷时期改为山东路,抗战胜利后又复名中山路,直到现在。作为曾经与上海的南京路、北京的王府井齐名的老青岛著名的商业中心,这里有着许多著名的老字号商铺,如"盛锡福"鞋帽店、曾经香满四溢的"春和楼"、家喻户晓的"宏仁堂"大药房、百年老店"福生德"茶庄,当然还有名冠中华的"亨德利"钟表店……

二、青岛服饰民俗

服饰民俗是指人们在服装、鞋帽、佩戴、装饰方面的风俗习惯。服饰和饮食一样,是每个人都离不开的。

时代、气候以至人的地位、职业、性别、年龄都对服饰有着直接的影响。人们为了适应季节变化,制作出了单衣、夹衣、棉衣、皮衣等各类服装;为了装饰和美化生活,按照不同性别、年龄,创造了各个时期不同的发型、首饰和佩戴方式;为了区别不同的职业分工,又出现了样式各异的职业服装,使人们可以明显地看出穿着者的身份和职业。

生活水平的高低对服饰民俗起着举足轻重的作用。旧时,青岛地区农民大都一年只有两套服装(一套单衣和一套棉衣),还要"新三年,旧三年,缝缝补补又三年",这并不是为了节俭,而是贫穷所致。穿衣只是为了遮蔽身体、抵御风寒,根本谈不上装饰和审美功能。20 世纪 50 年代以后农民开始穿针织或细布内衣,服装布料不断更新。改革开放以后,随着人们生活水平的提高,各类款式的服装争奇斗艳,人们的服饰再不是单纯为了蔽体御寒,而更多的则为是为了美化生活而从款式、用料、色彩等多方面进行选择和穿戴。

1. 帽子

辛亥革命前，男子多戴瓜皮帽，俗称"半帽"或"瓜皮子"，因其形状象半个西瓜而得名。瓜皮帽是用上尖下宽的多块绸布做成，用琉璃蛋或绒布结为顶饰（叫"帽葫芦"）。红色顶饰为青年人所戴；中老年戴的顶饰为蓝色；家中遇有丧事，则顶饰用白布包住。

瓜皮帽

毡帽。又称"毡帽头"，青岛当地农民和商贩多在天冷时戴用。帽分左、右、后3块，

毡帽

翻上去是一一圆形帽头，拆下来可盖住面颊和后颈，多为褐色。

"老头乐"。是青岛老年人冬季爱戴的一种帽子，也叫"撸头帽"或"满头撸"。帽子为圆筒形，卷上去是一软胎绒线帽；撸下来，则脸和后颈全可遮掩，仅露出双眼，由于寒效果甚佳，青年人也多戴用。

苇笠。为青岛当地农民和市贩劳动者夏季戴用，呈六角形，由苇篾或高粱千篾编制而成，布带系下，用以遮阳和避雨。城镇男人夏季则多戴草辫编的形同礼帽的草帽或圆顶草帽。中青年妇女多不戴帽，有的老年妇女戴一种叫做"头箍"的箍帽，是用两片约6厘米宽的绒布做好后，用两根小带箍在头上。另一种是用黑色平绒做成的软帽，帽前饰以绿色琉璃"帽珠"，叫做

苇笠

"老婆帽子"。

　　"虎头帽"。是青岛地区 7
岁以下小孩戴的风帽，前短后
长，帽顶的两旁缝一撮白色兔
毛，正中绣一"王"字。崂山民
间认为，山中野兽很多，易伤孩
子，虎为兽中王，戴虎帽可消灾
避难。

　　新中国成立后，"干部帽"
流行，"鸭舌帽"却受人冷落，

虎头帽

原因是在戏剧电影以至民间秧歌中，扮演特务者都戴这种帽子，所以
人们都叫它"特务帽"。军帽在"文革"初期特别受人喜爱，一些青年
人以戴上一顶绿色军帽而感荣耀。进入 20 世纪 80 年代，随着人们审
美意识的增强，帽子除实用功能外，其装饰美化生活的功能日显突出，
不同样式、不同色调的单帽、棉帽、草帽等，争奇斗艳，使服饰文化更加
丰富多彩。

2. 衣服

　　清代时，豪门富家男子穿长袍马褂。马褂是一个半身小罩褂，马蹄
袖，穿时袖口白野子翻出。女子穿右襟上衣，下系长裙或肥裤。一般人

长袍马褂

家，男女都穿粗布短衣，俗称"更衣"，上衣分单衫
（亦叫"小褂"）、夹袄、棉袄 3 类。男上衣为对襟，
下端左右两边有两个长方兜，一排布制扣子，称
"子母扣"。女上衣都逞大襟，大襟从左到右可把
全胸裹住。老年人还喜欢用约 10 厘米宽的布带
扎腿，布带称"腿带"，多为黑色。

　　20 世纪 20 年代后的青岛，马褂渐被淘汰，
但长袍、长衫（亦称"大褂"）仍很流行，是知识分
子、商人、乡绅们的常用服装。戴礼帽、穿长衫是
会亲访友和礼节交往中的最好穿戴。直到 50 年
代长衫才逐渐淘汰，如今，说唱艺人在舞台上也

很少穿用了。

20世纪50年代，青岛地区男子穿中山服和学生服的居多。冬季穿棉大衣或呢子大衣（乡间人习惯称呢子大衣为"大氅"），夏季兴穿制服短裤。女子多穿列宁服和连衣裙，但流行时间不长，冬季穿一种帽子和上衣连在一起的短大衣，有棉、皮两种，分别叫做"棉猴"和"皮猴"。农民仍多着便衣裤褂，布料有所改善，土布渐渐淘汰，灯芯绒布普遍。春秋衫针织品穿着也很广泛。

中山服

20世纪60年代到70年代，化纤、化棉混纺布畅，补丁衣服基本绝迹。80年代，青岛地区男女穿西服增多，各类衣服颜色也由灰、黄、蓝变为五颜六色。

20世纪90年代，服装样式更趋多样化，人们追求款式、追求新潮，琳琅满目。西服、夹克服、太空服、T恤衫、猎装等绚丽多彩；连老年人服装也重视款式，追求鲜艳色调。

3.鞋子

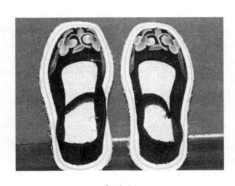

虎头鞋

布鞋在青岛民间已流行100余年，因穿着舒适轻便，至今仍受到人们特别是老年人的喜爱。布鞋一般为圆头、圆口、布帮、布底，做时要经过搓麻绳、纳鞋底、做鞋帮、绱鞋等多道工序。旧时，新媳妇过门前要给婆家每一个人做一双新鞋，婆家以针线活的好坏，评说媳妇的巧拙。如今，机制商品鞋到处都有，已很少有人自己做鞋穿了。

20世纪30年代到40年代的青岛，绣花鞋在农妇中曾广为流行。绣花鞋亦布底、布帮、圆口，只是在鞋头、鞋帮处用丝线绣上梅花、兰花、荷花、菊花等花样，新婚妇女必穿。

　　猪皮靴（俗名"猪皮绑"）。是用整块猪皮缝制的，内装牛、羊毛，既御寒，又防滑。据传此靴源于战国时期，齐国军师孙膑为保护被削去髌骨的伤腿，用兽皮制成有史以来第一双过膝皮靴，供作战时穿用，齐人尽效仿，流传下来。在青岛曾广为流行。

　　熬皮绑。是用轮胎外带作鞋底、帘子布作鞋面制成的。因结实耐穿、价格低廉，青岛崂山、即墨等山区农民多穿用。

　　夫子履。是在鞋前用较硬皮革做成单条或双条凸筋，分别叫"单梁夫子履"和"双梁夫子履"。因其形如抓勾，所以又叫做"抓勾鞋"。鞋的前头坚硬结实，踢到硬物时可保护脚趾，平度一带山民穿用者较多。

夫子履

　　如今，农民平时劳动多穿胶鞋，节日和会亲访友时穿皮鞋。在城镇，皮鞋、皮靴、旅游鞋都很流行，款式繁多。

　　在青岛地区的服饰民俗中，服饰的颜色、样式、制作方法都有许多禁忌。如子女在服孝期间不能穿红、黄、绿等鲜艳色彩服装，只能穿白、灰、黑等素色；婚嫁、生育、过年等喜庆日子则忌穿白、有的禁忌与谐音有关，如做寿衣忌用缎子，"缎"与"断"同音，恐断子绝孙。在民间，许多习俗中都认为双数吉利，衣服扣子却喜单忌双，说是"四六不成才"，双数会影响穿衣人事业的成功。衣服破了或掉了扣子，忌穿在身上缝补。如果必须在身上补，被缝者口中要衔一根草，说这样针不扎人。男人还忌从晾晒的女人裤下走过，说这会妨碍男人运气，实际上是轻视妇女的一种表现。

三、青岛饮食民俗

　　青岛地区的食俗属于我国北方类型，受京津一带影响很深。人们的饮食以玉米、小麦、地瓜为主，杂以谷子、高粱、豆类（黄豆、绿豆、豇豆、红豆）、黍子等五谷杂粮．副食以蔬菜为主，肉类、蛋类过去是寻常人家办喜事和待客的珍品。

城市和农村都通行一日三餐，早晚称"朝饭"，午饭称"晌饭"，晚饭称"夜饭"。农村在冬闲时则一日两餐，称"吃两顿饭"。过去，农村朝饭一般为小米稀饭或高粱面、玉米面稀饭，配以玉米饼子、地瓜、地瓜干。高粱面、玉米面稀饭统称"粘粥"，也叫做"糊涂"。晌饭是小米干饭，有时掺上豇豆或绿豆。夜饭是面汤（面条）。这种饮食安排叫做"两稀一干"。如今农村饮食变化较大，大米白面成为寻常人家的家常便饭，鱼肉习以为常，玉米饼子、地瓜干已很少食用，农闲时的"两顿饭"也多改为一日三餐，然而早饭吃稀粥的习惯无论城市还是农村都没有改变。

1. 玉米饼子

这是过去青岛人的主要食品，人们习惯叫做"苞米饼子"，是用玉米面和带头同加水放入锅内做成，有烀饼子、蒸饼子和菜饼子等多种。菜饼子是用玉米面加野菜或青菜叶子上锅蒸熟，是人们度荒年时的主食，现已无人食用。另外，还有用少许白面（小麦面）做成的"发糕"，则属玉米做法中的上品，多在节日中食用。

玉米饼子

玉米饼子就咸鱼、虾酱是青岛沿海渔民中最常见的吃法。咸鱼中以咸鲅鱼、咸刀鱼（带鱼）和咸白鳞为最佳，虾酱则有虾子酱、蟹酱和虾头酱（用对虾头磨成）等。青岛人喜欢大葱蘸大酱就饼子吃，大酱都是农家自己制作的，有豆瓣酱、面酱（用小麦制作），其中用黄豆发酵做成的豆豉，掺以萝卜丁、胡萝卜丁、白菜丝等，吃起来鲜美可口，特别受人们喜爱。

2. 地瓜

学名甘薯，是青岛地区，特别是即墨、莱西、崂山一带人们的主食。由于地瓜产量高，茎叶是喂牲畜的好饲料，又适于山岭薄地种植，所以在青岛山区广泛栽种。鲜地瓜怕冻，不好储藏。莱西等地冬天多把地瓜放在屋内顶棚上；即墨、崂山等地则多堆积在生火的炕头，或在屋内挖地窖存放。一般可吃到来年春，所以有"地瓜半年粮"的说法。

地瓜干

地瓜的吃法多种多样，除鲜地瓜煮食或擦丝煮粥外，主要地切片和擦丝晒干，分别叫做"地瓜干"、"地瓜丝"。将地瓜干、地瓜丝碾碎磨成面，即为地瓜面。地瓜丝可用来做成"豆包"，不太好吃，所以就有了"别拿着豆包不当干粮"的俗语，意思是别瞧不起人。地瓜干只能煮着吃，由于吃起来不可口，如今很少有人食用，只能做饲料了。地瓜面可单独和面烙饼或烀饼子，还可与其他面粉混合包饺子、擀面条或做其他面食。有些做法很有特色，如采一种叫做"筋骨草"的野菜或榆树皮，捣碎后和地瓜面混合，擀成面条，放锅内箅子上蒸，锅底煮上菜卤，煮熟后将菜卤浇在面条上食用，这种饭菜一锅熟的做法，人们给起了个很形象的名字，叫做"二起楼"。还有一种叫做"金银卷"的食品，是用白面（小麦面）、玉米面、地瓜面分3层卷起，上锅蒸熟而成。金银卷黄、白、黑三色相间，吃起来香里透甜，这种做法在青岛地区也很盛行。

地瓜以前是青岛人的主食之一，所以，在吃法和做法上有很多花样。如今，人民生活水平提高了，地瓜作为主食的时代已成为历史，但"地瓜食品"仍深受人们喜爱。烤地瓜、地瓜枣、炸地瓜片还拥有大批的爱好者。地瓜枣（莱西叫地瓜阴干）是在冬天把煮熟的地瓜切片晒干后密封于缸、坛内，到春天取出食用，上面一层白醭，味道甚佳。炸地瓜片则是把鲜地瓜切成薄片，上锅用食油炸熟后，撒上砂糖，吃起来香脆可口。

3. 米饭

青岛地区不产大米，过去，大米饭只有在有钱人家的餐桌上方能见到，寻常人家吃的多是小米干饭。青岛即墨等地把做干饭叫做"捞干饭",作法是把小米加水煮成半熟后,把汤滤出再上锅蒸,滤出来的饭汁叫做"饮汤",这样,饭做好后吃的喝的就全有了。这种既省柴草又省工的作法,世代相传,直到如今。小米干饭里如加上红豆,或绿豆,则饭更香,味道也各不相同。有时人们还用胡

米饭

米(高粱米)或惨子米做干饭。惨子皮厚产量低,做出的饭味道不佳,如今已无人栽种。用黍子米做的饭叫做"大黄米饭",多用它包上面皮蒸糕,是一种节日食品。

4. 稀饭

稀饭

青岛农家常吃的是小米稀饭和玉米渣子饭,或用玉米面、胡休面熬成的各种面子饭。小米稀饭营养丰富,是妇女"坐月子"和伺候老人、病人时的佳品。用少许玉米面掺上野菜、再加点盐做成的稀饭叫做"菜饭",是以前度荒年的食品。

5. 饽饽

也叫"馒头",是青岛地区逢年过节、祭祖供神和亲友之间礼仪往来的主要食品,花样繁多。枣饽饽是在饽饽顶端做上5个枣鼻子,嵌上红枣蒸熟,作供品用;磕饽饽则是用面模(俗称"饽饽磕子")磕出莲蓬、

枣饽饽

鱼、桃、蝉、狮、猴等形状的面食,用以赠送亲友和节日期间食用。 在重要节庆日,如祭海,渔妇们还在饽饽上做上鱼、虾、蟹、贝、花卉或鸡、燕等动植物面塑,形象逼真,造型美观,使人乐于观赏,不忍心吃掉。

6. 面条

青岛人习惯叫做"面汤",由农妇们和面用擀面杖擀成,按形状分,有宽面汤、棋子块面汤(用刀切成菱角型)和细面汤等,宽面汤(也叫"宽心面")是青岛当地结婚时新郎新娘必吃的食品,现在城乡婚礼中仍很流行。

面条

7. 饺子

饺子

在青岛农村叫"滑扎",是青岛人最爱吃的一种食品。过去,老百姓家只有过节或招待客人时才包饺子。常见的有白菜猪肉馅、萝卜丝虾皮馅、韭菜馅等饺子。青岛的鱼饺子也很有特色,其中以鲅鱼饺子为最佳。青岛市区至今在谷雨前后鲅鱼上市 时,子女还有向老人送鲅鱼、让父母尝鲜鲅鱼饺子的习俗。 近年来,还有一种野菜(荠菜)馅饺子很得青岛人青睐,春季在一些大饭店的餐桌上常可见到。

四、青岛礼仪民俗

人生礼仪民俗,是指人的一生从诞生到死亡各个阶段的礼节和仪式,包括生礼风俗、婚礼风俗、寿礼风俗和丧礼风俗,是最复杂和繁琐的民俗事象。

在青岛地区,婴儿出生后要举行"报喜"、"过三日"、"搬满月"、"过百岁"等多种仪式,直到一岁生日过后,生育的各种程序方算结束。

过百岁

在生礼风俗中,传统的男尊女卑观念很明显,生男称"大喜",生女称"小喜"。女孩报喜的时间要比男孩晚 3 天,喜蛋要比男孩少,礼仪也比男孩简单得多。

婚礼礼仪也是人生礼仪中的一个大礼,旧时权势人家结婚兴"六礼",即纳彩、问名、纳吉、纳征、请日、亲迎。寻常百姓家礼仪虽从简,但

婚礼仪式

也要经过说媒、定亲(下媒柬)、送日子、送嫁妆、迎娶等多道程序。婚俗中,新中国成立前有不少封建迷信色彩,如合婚批生辰八字、看男女属相是否相克等。旧时"白马怕青牛,羊鼠一旦休;金鸡怕玉犬,鸡猴不到头"等说法不知毁掉了多少个幸福的婚姻。新中国成立后,实行新的婚姻法,过去的许多婚姻陋俗,如指腹婚、娃娃亲、童养

"寿桃"

媳、结阴亲、纳妆、一夫娶二房等已绝迹。但近年来,婚姻中的大操办之风仍很兴盛。

寿礼是为老年人庆寿的一种仪式。近年来,青岛人祝寿习俗盛行,但礼仪从简。

丧事是人生的终结,丧礼是人生的最后一次礼仪。民间对丧礼看得很重,往往不惜花费大量财力、物力来祭祀亡灵。过去青岛人实行土葬,葬礼程序繁多。如今,普遍推行火葬,丧事从简。有的将死者骨灰盒埋葬土中,说是"随土而安";有的将骨灰撒向大海。

五、青岛民俗节庆

美丽的海滨城市——青岛,一直以来便与大海有着深厚的渊源。青岛的历史,正是在海风吹拂与海浪的陪伴下形成的。青岛沿海而建,因海而兴旺发展。有了海,才有了今天红瓦绿树、碧海蓝天的浑然一体;有了海,才出现了今日青岛的海洋经济、旅游经济与港口经济。大海赋予了青岛人积极创新、诚实进取、文明自强的广阔胸襟……

1. 青岛国际海洋节

为了表达青岛人民对大海的热爱和无限深情,为了人民亲近海洋、崇尚自然、憧憬未来的真挚愿望,青岛市从 1999 年开始举办青岛国际海洋节——目前中国唯一一个以海洋为主题的节日。青岛国际海洋节每年 7 月举办,活动内容丰富多彩,有开幕式、海洋经济、海洋人文、海洋科技、海洋文化、海洋美食等几大板块数十种活动。青岛国际海洋节无疑是 7 月青岛最亮丽的风景线。青岛国际海洋节举办之初,就将主题定为"拥抱海洋世纪,共铸蓝色辉煌",并以保护海洋、合理开发利用海洋资源和实现人类经济与社会可持续发展为目

青岛国际海洋节

标,在倡导科技创新、发展海洋经济和国际友好合作等方面做出了不懈的努力。21世纪是海洋的世纪,对海洋资源的有效开发和认真保护都是社会发展中的重大课题。青岛国际海洋节以大海的胸怀、夏日的妩媚和浪漫的风情热烈欢迎海内外宾客的光临。

2. 青岛国际啤酒节

青岛国际啤酒节每年一般在青岛的黄金旅游季节8月的第二个周末开幕,为期16天。由开幕式、啤酒品饮、文艺晚会、艺术巡游、文体娱乐、饮酒大赛、旅游休闲、经贸展览、闭幕式晚会等活动组成,由国家有关部委和青岛市人民政

青岛国际啤酒节

府共同主办,是融旅游、文化、体育、经贸于一体的国家级大型节庆活动。节日期间,青岛的大街小巷装点一新,举城狂欢;占地近500亩、拥有近30项世界先进的大型娱乐设施的国际啤酒城内更是酒香四溢、激情荡漾。节日每年都吸引超过20多个世界知名啤酒厂商参加,也引来近300万海内外游客举杯相聚。

2005年8月13日开幕的第15届青岛国际啤酒节是首次由台湾的东森电视台和中国山东卫视合作,将开幕典礼向亚洲、欧美等地区进行同步连线转播,同时亦与新浪网合作进行网上视频直播。

3. 青岛天后宫民俗庙会

俗称"青岛大庙庙会",是道家庙会,位于青岛市太平路19号。天后宫始建于明代成化三年(1467)。初称"天妃宫",是青岛市区最早的庙宇之一。

天后宫庙会初建时设正殿和东西两配殿,正殿供奉天后(又称"海神娘娘"),配殿供奉"龙王"、"财神"。崇祯十七年(1644)建造戏

楼一座,是青岛市区最早出现的戏楼。后经屡次修建,已有琉璃瓦饰顶的大小殿宇 16 栋,建筑面积 1 100 平方米。每年春秋两季渔民出海前逢会,人们都会前来朝拜许愿,热闹非凡。解放后,神像被毁,庙堂保护完好。1982 年,天后宫被定为市级重点文物保护单位。

青岛天后宫民俗庙会

4.青岛海云庵糖球会

青岛海云庵糖球会

青岛海云庵始建于明代。根据当地民众每年在正月十五日之后才开始劳动的习俗,在下地劳动和出海捕鱼之前,为祈求丰年、保佑出海平安,都要进庙烧香磕头。又根据正月十六日为每年第一个大潮日,特定此日为海云庵庙会。庙会那天,热闹非凡。中国人素以"红"为大吉大利的象征。出海之前,吃一串大红糖球,认为是一年吉祥如意的象征。所以,在庙会期间,尤以糖球为最多。1926 年海云庵大翻修后,赶庙会的人有时多达上万人,成为当时青岛市区最大的传统庙会之一。由于买卖糖球成为海云庵庙会的主要特色,民众逐渐将海云庵庙会称为"海云庵糖球会"。

5.青岛田横岛祭海节

山东即墨有个田横岛,田横岛上有个田横镇,田横镇上有个周戈庄,周戈庄每年三月都举办一次祭海节。

祭海仪式当天，渔民们以船为单位在龙王庙前的海滩上开始摆供。一束束用竹竿绑扎成的几米高的"站缨"迎风而立，一张张供桌上摆满了面塑圣虫、寿桃、鱼、各类糖果、点心等，桌前的红漆矮桌上，一头头黑毛公猪昂首向前，一只只

青岛田横岛

大红公鸡精神抖擞。渔民们将要焚烧的黄裱纸整理好，摆好香炉，将上千挂红彤彤的鞭炮升上高空。良辰吉时到，当主祭人宣布祭海仪式正式开始，一时间，鞭炮齐鸣，人们开始焚烧香纸，并把写好的"太平文疏"点燃，磕头朝拜。鞭炮声中，船老大们开始往空中大把地抛撒糖果，有"谁捡的糖果多，当年即交大运"的说法。当地渔民崇信谁家的鞭炮声势大，这一年便会兴旺发财，因此祭海多是千万响的大鞭炮，船家们把上千挂鞭炮同时燃放，场面十分壮观。自清代以来，田横当地人便把京戏作为正戏，祭海时都会请来戏班子，连唱三天。祭海仪式结束后，以往渔民们都在船上聚餐，并欢迎客人来船上一同吃鱼、吃肉、喝酒，来的人越多越好，表明接到的祝福越多。现在多是在家里设宴，款待前来参加仪式的亲朋好友，祭品就成为聚餐的主要食品。祭海后第二天，渔民便出海开始了一年的渔业生产。

青岛田横岛祭海节

田横祭海在当地世代相传，具有很深远的影响，每年吸引周边百姓及中外游客超过30万人次，各类媒体和各种文化产品有效地起到了宣传推介作用，极大地提升了地域形象，扩大了沿海渔民生存方式在公众中的影响，让人们记得中国

不但有土黄色的内陆文明,更有蔚蓝色的海洋文化。

6. 青岛大泽山葡萄节

大泽山葡萄节原为平度市大泽山区独有的民间传统节日——"财神节"(农历七月二十二日),相传源于唐朝初年。1987年,大泽山镇政府与当地实际相结合,更加富有现代文明精神和地方特色,引导演变为"葡萄节"。1991年,市政府决定在全市搞节庆

青岛大泽山葡萄

活动,改名为"平度葡萄节",并定于每年公历九月一日举行开幕式;近年来,为方便城镇游客参加盛会,一般选择周六开幕。自1995年起,为提高大泽山葡萄更高的知名度,当地政府将"中国葡萄之乡"、"中国北方重要石材基地"、"山东省风景名胜区"三块金字招牌推介到国内外市场,吸引更多的有识之士前来开发投资和旅游观光、洽谈经贸。节庆主会场重设大泽山镇,定名为"大泽山葡萄节",时间为一个月,横跨不同品种葡萄的盛果期,使游客可以品尝到各种葡萄的美味。

第五部分　海洋旅游篇

海滨之城,风姿绰约、旖旎壮丽;缤纷岛屿,宁静雅致、纯净悠然;海底世界,五彩斑斓、神奇变幻……背起行囊,向梦想之地出发。

一、魅力海滨

与大海毗邻而居的一座座美丽城市,犹如镶嵌在碧波上的珍珠,在大海的恩泽下发出独特的光芒。无论是充满脉脉温情的中国海滨城市,还是精彩纷呈的外国海滨城市,都将带给你一份非同寻常的魅力海滨记忆!

1. 中国海滨旅游城市

驾一叶扁舟,在青岛奥帆基地御风起航;在八仙过海的地方邂逅一场海市蜃楼;在天风海涛中聆听鼓浪屿的琴声乐韵;在东方之珠的维多利亚港沉醉……游走在一个个美不胜收的中国海滨城市,感受人与自然和谐相处的脉脉温情!

帆船之都——青岛

这里有世界最美丽的海湾,有世界一流的帆船中心,有对帆船运动执著热爱的青少年,有 800 万热情好客的市民。

——奥帆委主席夏耕在 2008 年奥帆赛开幕式上的致辞

伴随着 2008 年奥帆赛在青岛的成功收帆,"帆船之都"已成为这座城市一张烫金的名片,享誉世界。奥帆赛的成功举办,催生了这个中国现代帆船运动发源地的第二个春天。如今,青岛正借助奥帆赛的契机，打造自己的航海时代。青岛与帆船运动渊源深厚。早在 1904 年，德国皇家帆船俱乐部就已开始在青岛汇泉湾举办帆船比赛。新中国成立后，随着国家体委青岛航海运动学校的建立，青岛成为中国航海运动的摇篮。中国海洋大学 49 人级帆船队首次出征 2008 年奥帆赛角逐 49 人级帆船项目，更是具有开创性的意义。

青　岛

青岛啤酒，与世界干杯！

吃蛤蜊，哈（ha）啤酒（青岛人称喝啤酒为"哈啤酒"，是地道的青岛口音）是青岛一道独具生活气息的人文风景。尤其在夏季，路边的烧烤店里随处可见边吃蛤蜊边喝啤酒的人们。再细心观察，还会发现手提散装啤酒行走于大街小巷的男男女女。全国恐怕没有哪个城市会对啤酒如此执著与喜爱。有人说：青岛是漂浮在两种泡沫上的城市，一种是大海浪花浪漫的泡沫，一种是啤酒激情的泡沫。1903 年，英德商人在登州路上创建啤酒厂时，也许不曾想到，百余年之后的青岛啤酒竟承载起青岛乃至中国的光荣与梦想。作为一个与城市同名的啤酒品牌，青岛啤酒早已深深融入这个城市的精神血脉。

夏季的青岛游人如织。最让游客热血沸腾的莫过于赴一场狂欢的啤酒盛宴。始创于1991年的青岛国际啤酒节,在每年8月的第二个周末开幕,为期16天,是亚洲最大的啤酒盛会。来自五湖四海的人们,劲歌热舞,欢聚一堂,盛况空前。1999年青岛国际海洋节和2009年青岛国际帆船周的加入,更将这个城市的狂欢推向高潮。

浪漫之都——大连

在中国没有一个城市会像大连这样拥有数量如此之多、面积如此之大的广场。广场让这个城市显得无比大气磅礴。"大连"原本是满语词汇中"嗒淋"一词的译音,其本意是"海滨"或"河岸"。100多年前,一批对法国文化情有独钟的沙

大　连

俄设计师揣着巴黎的城建图纸来到这里,想在东方再造就一个以广场为主的城市,于是大连便形成了以广场为中心,街道向四面八方辐射的独特城市景观。绿地、白鸽、雕塑、喷泉、圆舞曲,还有英姿飒爽的女骑警,如同一幅幅赏心悦目的风景画,在城市的广场上流动。

圣亚海洋世界与星海广场、星海公园及东北最大的游艇码头共同组成了大连最具休闲娱乐特色的旅游景区。该景区以展示海洋动物为主,包括圣亚海洋世界、圣亚极地世界和圣亚珊瑚世界3个场馆。这里常年有海豚、白鲸、鲨鱼的

友好广场

表演。曾经以拥有中国第一座海底通道而闻名全国，如今已被打造成为让游客感受惊奇、体验浪漫的情景式海洋主题乐园。游客在此可畅享从"海上进入海底，再从海底回到海上"的奇幻浪漫之旅。自 2007 年始，大连圣亚海洋世界联合大连电视台、大连市心理医院成功推出"快乐小海豚"活动，旨

星海广场

在应用海豚来辅助治疗患有孤独症的儿童。这也是大连旅游企业首次利用自有馆场及动物资源举办的一项大型公益活动。

海上花园——厦门

　　鼓浪屿不仅在中国地图上，而且在世界地图上都是一块不可替代的音乐圣地。

——指挥家　陈佐湟

　　"鼓浪屿四周海茫茫，海水鼓起波浪，鼓浪屿遥对着台湾岛，台湾是我家乡……" 20 世纪 80 年代一首家喻户晓的《鼓浪屿之歌》，不知唱出了海峡两岸多少人的心声，也使得鼓浪屿这座浸润着天地灵气的海岛美名远扬。从厦门遥望鼓浪屿，隔着白鹭翩然的厦鼓海峡，一座钢琴造型的轮渡码头便映入眼帘，似乎也在向游客诉说着鼓浪屿与音乐的不解之缘。从宋元时期至鸦片战争爆发的这数百年间，"日出而作，日落而息"的平静生活使鼓浪

厦　门

屿的先民们能够耳染海浪冲击岸礁时发出的鸣鼓之声，鼓浪屿也因此而得名。宋代理学宗师朱熹曾用"天风海涛"来概括其在鼓浪屿的独特感受。天风经年吹拂鸣响，海涛日夜往复吟唱。鸦片战争爆发后，外国传教士带来了"上帝"的教导，也带来了管风琴和钢琴。在这片音乐的沃土上，人均拥有钢琴密度居全国之首。大自然的鬼斧神工以及独有的音乐文化底蕴，成就了鼓浪屿"钢琴之岛"、"音乐之岛"之雅称。

鼓浪屿还是"音乐家的摇篮"，有驰名中外乐坛的钢琴家殷承宗、许斐星、许斐平、许兴艾，中国第一位女声乐家、指挥家周淑安，声乐家、歌唱家林俊卿，著名指挥陈佐湟等。正如法国钢琴家米歇尔所说："鼓浪屿是为艺术而生的。"

鼓浪屿钢琴博物馆

厦门作为商旅云集的著名港口，与中国台湾只有一水之隔。古往今来，是许多人"过台湾、下南洋"的重要出海口。正是这种地理位置上的舟楫之便造就了厦门"华侨之乡"的美名。在海外辛苦打拼的生活经历让众多闽南华侨感受到根在闽南的乡愁，从而也加深了热血的爱国情怀。无数贤达英杰，当他们事业有成时纷纷投资支援建设自己的家乡，并深深影响着厦门的发展。

厦门大学陈嘉庚纪念馆

曾被毛主席称为"华侨旗帜，民族光辉"的陈嘉庚先生，一生倾资办教育，他用于教育事业的经费累计达1亿美元，共创办了国内外各类学校118所。为表彰陈嘉庚先生的功绩，199年11月5日，国际小行星委员会还特别把天空中的一颗小行星命名为"陈嘉庚星"。厦门大学、集美大学两校师生都尊称其为"校主"。华侨博物院、集美学村、鳌园等地的建设都体现了陈嘉庚先生爱国爱乡、无私奉献的伟大精神。然而,陈嘉庚先生自己却一生俭朴、公而忘私,让世人感动。

南国明珠——深圳

在深圳蛇口六湾浅滩上停泊着中国第一座综合性海上旅游中心——"明华轮"。此邮轮由法国建造,原名"ANCEVELLER"。早在1962年,法国总统戴高乐亲自为其下水剪彩并将其作为专用邮轮。这艘邮轮曾出入世界100

深　圳

多个国家的港口,有近百名国家元首和世界名人曾光顾于此。1973年,我国将其买下,改名为"明华轮"。1983年,"明华轮"结束了最后一次航行,抵达蛇口,经改造成为集酒店、餐饮、娱乐等旅游项目为一体的中国第一座综合性海上旅游中心。1984年,邓小平同志视察蛇口时登上"明华轮",挥笔为其题词"海上世界"四个大字。如今,"海上世界"不仅是深圳蛇口改革开放光辉历程的见证,也是深圳标志性的旅游观光之地,并深深融入到这座城市的文化之中。

"相比于"明华轮","明思克"号航空母舰的命运可谓一波三折。1995年,由于财政紧张,

"明思克"号航空母舰

俄罗斯太平洋舰队将"明思克"号航空母舰当废铁卖给了韩国,但在经历了 1997 年的亚洲金融风暴后,韩国又将其廉价转让给中国。这艘废旧巨轮在经过中国工人的修复之后,于 2000 年驶向深圳大鹏湾,于是便有了今天停泊在沙头角海滨,世界上目前唯一的由 4 万吨级的航空母舰改造而成的集旅游观光、科普和国防教育为一体的大型军事主题公园。"明思克"号甲板的总面积有 3 个标准足球场那么大,有 2000 多间独立的舱位密布其间,是一座名副其实的"海上浮动城市"。

东方之珠——香港

在香港,辛辣的泰国汤、香浓的印度咖喱、香嫩的韩国烧烤、鲜美的日本寿司等美食遍布街头,是名副其实的集世界美食于一地的亚洲"美食之都"。因毗邻广东,香港的主流饮食大都以粤菜为主,其中由粤菜师傅巧手烹制的海鲜美食口感丰富、色香味俱全,堪称香港一门独特的饮食艺术。西贡、鲤鱼门、南丫岛等地是香港欣赏海景和品尝海鲜的旅游胜地。临海露天海鲜餐馆的鱼缸内养着螃蟹、贻贝、大虾、鲜蚝等新鲜海产品,顾客可以现点现捞,并由粤菜师傅按照客人的喜好现场烹制,滋味美妙,回味无穷。

香港自古就是自由港,货币在这里自由流通,贸易自由。得天独厚的优势使香港成为名副其实的"购物天堂"。铜锣湾、中环、旺角、尖沙咀等豪华的商业区内,各种世界顶级品牌应有尽有,而且价格公道,并可享受退税。此外,香港还有各种露天集市、夜市等,物品齐全,琳琅满目。

维多利亚港的变迁如同近代中国半殖民地半封建社会历史的一面镜子。回顾百年历史,英国人给香港带来了西方的科学、技术与文化。中西文化的交织塑造出了今天风光无限的维多利亚港。

铜锣湾时代广场

维多利亚港是中国第一大海港,世界第三大港,仅次于美国的旧金山港和巴西的里约热内卢港,被美国《国家地理杂志》列为"人生 50 个必到的景点"之一。维多利亚港的夜景与日本北海道函馆和意大利那不勒斯,并称为"世界最美三大夜景"。每当夜幕降临,维多利亚港便绽放出它的华丽与绚

维多利亚港

烂。此时,登上太平山顶,沿尖沙咀海滨花园上的"星光大道"或湾仔金紫荆广场海滨长廊漫步,抑或搭乘观光渡轮,都是一睹醉人夜色的绝妙方式。

以妈祖而名——澳门

"你可知 Macao,不是我真姓,我离开你太久了,母亲……" 1999年 12 月 20 日,伴随着闻一多先生《七子之歌》的吟唱,澳门终于回到了祖国母亲的怀抱。400 多年欧洲文化的洗礼以及中西文化的交汇融和,使澳门成为一个极富异国情调的城市。

澳门这个城市的名字与妈祖之间有着十分密切的联系。据西方史籍记载,1557 年,葡萄牙人首次在妈祖庙附近登陆时,向当地人询问这里的地名,当时岛民见葡人指着小庙,就顺口回答"妈阁",葡人把它音译为葡文"Macau",于是,澳门便被命名为"Macau"或"Macao"。不想这个译名竟一直沿

澳门妈祖阁

用至今,由此可见澳门与妈祖之间深厚的渊源。千百年来,澳门人已把她塑造成慈悲博爱、护国庇民、可敬可亲的海上保护神。

妈祖文化不仅是澳门历史文化的重要组成部分,也是澳门人的精神寄托。澳门人普遍认为:

奥凼大桥

500 年来,是妈祖娘娘以慈悲博爱的胸怀,使澳门成为一个东西咸集、顺济安澜的避风良港。因此人们向她顶礼膜拜,祈求庇佑。矗立在澳门最高的路环岛叠石塘山山顶上的汉白玉妈祖雕像,身高 19.99 米,寓意澳门在 1999 年回归中国。

澳门向来有"赌埠"之称,博彩业在澳门最早可追溯至 19 世纪中叶。直到 20 世纪,西方博彩游戏传入澳门,融合了本土的赌法,才形成一个多元化的博彩架构。澳门也因此被称为"东方蒙

澳门汉白玉妈祖像

特卡洛"。

澳门的博彩业主要有三种形式:幸运博彩;押注于跑狗、回力球及赛马车;彩票(包括白鸽票)。幸运博彩已有百年历史,最受人们欢迎,在博彩业总收入中占 90％以上。澳门把赌场

澳门葡京娱乐场

称为"娱乐场"。1970 年落成的葡京大酒店，就以其赌场最引人注目。澳门缺少土地，但却修建了一个规模很大的赛马场，报纸几乎每天都刊登"马经"等内容。

2.外国海滨旅游城市

填海造陆的杰作——东京湾，上演着浪漫唯美的剧情；加勒比海岸的彩虹之城坎昆，架起人们幸福美好的假期；最不像非洲城市的开普敦，是野生动物的温馨家园……漫步于外国海滨城市，体验不同国度的异域风情！

狮城——新加坡

新加坡是一个移民国家。最早我们的祖先乘着从福建厦门南下的第一艘船舶抵达新加坡之后，就在新加坡河以南的地方定居。新加坡的文化结构中最主要的是中国文化、马来西亚文化和印度文化。在新加坡要庆祝 4 个新年：元旦、

新加坡

华人的农历新年、马来西亚人的开斋节以及印度人的屠妖节。不同文化间的交流与碰撞，带给新加坡的不仅是经济的繁荣，还有文化的多元。佛教、伊斯兰教、基督教、印度教、儒家文化等在新加坡共生并存。各种文化的相互渗透，使新加坡这个小岛，成为名副其实的"文化大熔炉"。

漫步新加坡街头，你不仅可以听到印度语、马来西亚语、泰国语和英语，还能听到字正腔圆的汉语。牛车水是新加坡的唐人街。最热闹的时候便是华人农历新年期间。届时，华人按照自己的传统习俗穿着打扮，牛车水里张灯结彩，喜气洋洋，而其他民族也可以跟着放假，感

受一番别样的文化风情。

克拉码头是体验新加坡夜生活的绝佳去处。克拉码头原本是新加坡贸易中心的货物集散地，如今变成了搭载人们游览夜景的观光地。克拉码头原来的 60 家仓库也发展成为酒吧和俱乐部等夜店汇聚地。这些地

克拉码头夜景

方弥漫着节日的气氛，如克拉码头著名的沙爹俱乐部的现场音乐表演等，五光十色，热闹无比。从克拉码头乘游船穿过新加坡河，除了随心所欲享用美食外，还可以近距离欣赏滨海艺术中心、鱼尾狮像、赌场社区、新加坡主要金融建筑等景观，感受别样的夜晚风情。

"南半球纽约"——悉尼

悉尼似乎是个天生就与海洋浑然一体的城市。这里所有的建筑都像是从海边自然生长出来的。悉尼歌剧院、悉尼海港大桥、达令港、悉尼港无一不是矗立在海边，互为点缀或背景，彼此间和谐一致，相映成趣。正如悉尼歌剧院的设计者约恩·乌松所提倡的设计理念：建筑仿佛是从周边的环境中自然生长出来的。早在 20 世纪 50 年代，澳大利亚政府就开始筹备修建一座歌剧院。1955 年起公开向世界各地征求设计方案，最终选取了来自丹麦的建筑师约恩·乌松以一个橘子为灵感的设计图纸。这座被誉为 20 世纪最具特色的建筑之一的悉尼歌剧院，不负众望，不但成为

悉尼歌剧院和悉尼海港大桥如姐妹般相互守望

了澳大利亚的象征性标志,而且成为了全世界最大的表演艺术中心之一。

悉尼歌剧院,不仅是悉尼文化艺术的高雅殿堂,更是悉尼灵魂的代表。从远处眺望,悉尼歌剧院仿佛一片片漂浮在悉尼海湾上硕大洁白的贝壳,又宛如一艘整装待发的帆船。白色贝壳状穹顶是由100多万片瑞典陶瓦铺就而成,不畏惧海风的侵袭。这里每年都要举办交响乐、室内音乐、歌剧、舞蹈、合唱、流行乐、爵士乐等大约3 000场艺术表演,浩瀚的大海与精彩的演出在悉尼歌剧院内汇合成一篇篇气势磅礴的华美乐章。

漫步在悉尼的伊丽莎白大街或是乔治大街,鳞次栉比的摩天大楼、繁华斑斓的大型商场,会让你感受到这座澳大利亚最大、最古老的城市正日益成为国际化大都市的强大气派。从外观上,人们似乎看不出悉尼与其他西方城市有什么区别。这里到处都带着"日不落"帝国强盛时的印记,到处都有维多利亚女王和从前英国总督的雕像,纵然摩肩接踵的现代化大楼也依旧无法遮挡古老维多利亚式建筑的璀璨光芒。

220多年前,这里曾荒无人迹。1787年,英国的菲利浦船长经过250天漫长的海上航行,终于抵达澳大利亚,他用当时英国内务大臣"悉尼子爵"之名将首次落脚的港湾取名为"悉尼湾",并在这块砂岩海角上翻开了悉尼建设的历史新篇章。于是,悉尼成为英国在澳大利亚建立的最早的殖民地。然而,随着大批移民的涌入,经过了两个多世纪的艰苦开掘与精心经营,悉尼现已成为澳大利亚最繁华、最现代化的城市。因悉尼与纽约有着相似的城市发展轨迹,所以悉尼又有"南半球纽约"之称。

自英国殖民者踏上澳大利亚这片美丽的土地之日起,随之而来的有世界120多个国家、140多个民族的移民先后到澳大利亚寻找新的生活。多民族文化的相互碰撞与融合是澳大利亚典型的社会特点。曾有社会学者形象地将这个移民国家比喻为"民族的大拼盘"。而悉尼往往是各国移民进驻澳大利亚的首选目的地。在悉尼到处可见亚洲人的面孔,中国广东话已成为仅次于英语的第二语言。

与世界上其他地方的唐人街不同,悉尼唐人街位于悉尼市区中最繁华的地段。在这里，中国式的茶馆、酒楼比比皆是；普通话、广东话、海南话，处处可闻；川流不息的人潮中，华人随处可见。中餐馆、中医中药行、中国书店等地方，均用汉字写着醒目的招牌。在唐人街德信街道的两端，各竖立着一座绿瓦红棂、

悉尼唐人街

玲珑精致的中国式牌楼。牌楼的横额上，分别写着"通德履信"和"四海一家"八个金光闪闪的大字。行走至此，往往会让人产生一种错觉，辨不清身在何方。悉尼的唐人街将中华文化发扬得淋漓尽致，从而也说明中澳两国人民之间的深厚友谊。

绿宝石城——西雅图

很多人爱上西雅图，是因为那部浪漫的影片 ——《西雅图夜未眠》。于是电影海报上的那段宣传语也就成为这座城市最美丽的注脚："如果那个你从未遇到、从未见过、从未认识的人，却是唯一属于你的人，那么，你将怎样？"这座雨季漫长、空气潮湿而暧昧的城市，似乎正向人们诠释了人与人之间那种微妙的际遇。

西雅图地处太平洋沿岸，属于典型的海洋性气候，多雨、湿润。正如电影中的台词："西雅图一年有 9 个月都在下雨。"在充足雨水的滋润下，这里的花草树木都生长得十分旺盛。世界各地似乎再没有哪个城市能像西雅图这样，整个城市都被森林所覆盖，到处郁郁葱葱、绿意盎然。海洋性气候的泽被，使它拥有了"雨城"、"常青城"、"翡翠之城"、"绿宝石城"等众多美称。很多到过西雅图的人都会觉得"西雅图是个十分容易让人亲近的城市"。西雅图虽然地势不高，但却拥有古老的冰川、活跃的火山和终年积雪的山峰。森林、湖泊、河流、草地将西雅图分割成一个个生机盎然的小花园。这里没有大都市的喧哗，

更多的是一份悠闲和宁静。

　　还有很多人爱上西雅图，是因为迷恋这里的咖啡。咖啡，对于西雅图人来说就如同阳光、空气和水。尽管世界上公认的最好的咖啡豆是在非洲，最出色的咖啡享受是在意大利，但是把咖啡变成一种全世界文化的却是西雅图。

世界上第一家星巴克

　　对于热爱喝咖啡的人来说，星巴克（Starbucks）的名字并不陌生。1971 年，杰拉德·鲍德温和戈登·波克在西雅图的派克市场 1 912 号，开设了世界上第一家咖啡豆和香料的专卖店星巴克公司。这里至今还用着最初的标识。精心挑选世界上最优质的咖啡豆，为那些在海上饱受寒风侵袭的人们送上一杯温暖的慰藉。星巴克，这个本身带有海洋渔业特点的名字仿佛是为西雅图人量身定做的。可以说，是星巴克开启了西雅图人温馨的咖啡生活，同时也让世界各地的人们与咖啡结缘。

星巴克的 LOGO 充满了海洋的味道

　　清新优美的城市风光，咖啡店里飘荡的咖啡浓香和轻松的音乐，还有伫立在街道间典雅的精美建筑，让人怎能不被这种独有的浪漫所感染？

梦幻水城——威尼斯

　　几乎所有有趣的、吸引人的、伤感的、难以忘怀的、奇特的东西造就了今日的威尼斯。

——法国小说家　马塞尔·普鲁斯特

威尼斯古城历史悠久，大约建于452年。14世纪前后，威尼斯就被誉为整个地中海最著名的集商、贸、游于一身的水上都市。威尼斯"因水而生，因水而美"。水是威尼斯的灵魂。全城有118个岛屿、177条运河以及404座大小不一的

莎士比亚笔下的利亚德桥

桥梁，所以威尼斯又享有"百岛城"、"水上都市"、"桥城"等众多美称。威尼斯所有的诗情画意、万种风情都离不开水的浸染。莎士比亚的《威尼斯商人》、歌德的《意大利之旅》和朱自清的《威尼斯》等众多文学名著都曾详尽描写过威尼斯的迷人风情。

波光潋滟的水面，迷宫般纵横交错的水巷，月牙形的"贡多拉"……都赋予它无尽的梦幻之感和灵动之气。在这里，你几乎分不清建筑在水上，还是水围绕建筑而流。夕阳西下、月上黄昏之时，乘坐一只"贡多拉"，沿着千曲百折的水道，伴着船夫高亢的意大利民歌，踏歌随行，会让你真正感受到这座水上都市的灵魂所在。

除了温婉梦幻的水，威尼斯的桥也令人魂牵梦萦。水和桥交相辉映，相濡以沫，共同构成了威尼斯独特的水上风情。威尼斯有404座

叹息桥

桥，这些桥造型千姿百态、风格迥异，有的如游龙，有的似飞虹，有的庄重，有的小巧。这里有大文豪莎士比亚的文学巨著《威尼斯商人》中情景的发生地利亚德桥。而众多桥中最著名的是叹息桥。也许叹息桥承载了太多的忏悔与叹息，所以人们便把它改为温情的喜剧，于是有了另一种更为大家所熟

知的说法：如果情侣能在叹息
桥下拥吻，那么他们的爱情将
会永恒。这里每年都会有来自
世界各地的恋人到叹息桥下热
情接吻，以期望他们的爱情能
够天长地久。

盛装出席面具狂欢节的人

　　虽然已没有人知道威尼
斯人到底是在哪一天戴上面具
的，但威尼斯人把面具当做生
活中不可或缺的一部分却有着
悠久的历史。早在 13 世纪，威尼斯的法律就规范了面具的使用。18 世
纪之前，法律规定威尼斯人每年可长达 8 个月戴着面具生活。这种威
尼斯特有的面具也叫做"包塔"。面具掩盖了人们的真实身份和社会
矛盾，使面具下的人们变得平等与友善，人们可以热情而亲切地问候彼
此："Hello, Mr. Mask！"经过几个世纪的浮浮沉沉，威尼斯人将他们难
以割舍的面具情结发挥到了极致。

　　每年二三月，一年一度的威尼斯面具狂欢节在圣马可广场拉开序
幕。这是当今世界上历史最古老、规模最大的狂欢节之一。广场被装
扮成一个激情洋溢的化装舞会。人们穿上华丽复古的服装，戴上夸张
的面具，把自己装扮成古代的各种神灵鬼怪或王公贵族，毫无顾忌地
享受着脱离现实束缚的自由。圣马可广场的精品店橱窗里，华丽炫目、
五彩缤纷的面具吸引了众多游客驻足观赏。

海角之城——开普敦

　　开普敦的美在于其开阔雄浑、不带任何雕饰的自然风貌。正是这
种原始气息，深深吸引了久居都市的人们前来观光。巨浪滔天的好望
角和自然天成的桌山，是开普敦献给世界独一无二的自然瑰宝，也是
开普敦人永远的希望和骄傲。

　　矗立在非洲西南端，如同鳄鱼嘴般伸向大海的岬角便是举世闻名
的"好望角"，寓意为"美好希望的海角"。好望角的发现，连接起东西

开普敦

方海上航道,开辟了人类航海史上的新篇章。奇特的地貌、险峻的悬崖、汹涌的巨浪、珍奇的动植物使好望角成为世界上拥有最美丽海岸线的海角。早在1939年,这里便成为国家级自然保护区。在好望角东面的开普角的最高点有一座白色的灯塔,用来作为绕过好望角的海上航标。站在灯塔上眺望,可以清楚地看到好望角全貌。灯塔上还有一块写着世界各大城市距离的标示牌。由于老灯塔的位置太高,常常为大雾笼罩,所以在它前端的山腰间又修建了一座新的小灯塔。

开普敦是南非著名的野生动物聚居地。鸵鸟、狒狒、山猫、海狗、海豹、鲸鱼以及海豚等大批野生动物都在这里安逸地生活。就连南非的货币"兰特",也是以狮子、非洲象、犀牛、花豹等野生动物的头像以及非洲当地的一些植物作为主要图案。这一小小的细节,从侧面反映出南非人对动物生命价值的尊重和重视,同时也印证了开普敦有着"动物天堂"的美誉。千万不要认为企鹅、海豹是南极冰天雪地中的"特产",在开普敦你就能看到它们。这里的企鹅与海豹有着主人般的姿态,它们悠然自得地冲浪、戏水、觅食,在沙滩上享受阳光,成为开普敦一道独特的风景线。南非人对动物的细心呵护,使它们拥有了一个舒适温馨的家园。

好望角

作为南非三个首都之一的"立法首都"开普敦,与人们想象中的非洲荒漠相去甚远。在桌湾附近，围绕桌山而建的很多错落有致的英国爱德华和维多利亚时期的老建筑，为开普敦增添了许多欧洲的味道。由此，开普敦也被人们称为最不像非洲的非洲城市。夜幕降临后，璀璨的灯光会将这座城市映照成一座"不夜城"，恢宏大气之感不言而喻。

开普敦企鹅

　　开普敦是欧洲殖民主义者最早在南非登陆的地点，也是南非现代城市的发端，故有"南非诸城之母"的称号。作为非洲南部历史最悠久的城市，开普敦的历史最早可追溯到1652年。因为开普敦正好是由欧洲到印度航线的中点站，所以荷兰一家公司便在桌山脚下建立了一个永久性的补给站，给过往的船只提供新鲜的蔬菜和淡水。此举成为开普敦开埠的重要标志。

二、缤纷海岛

　　在浩瀚的大海上，散布着无数千奇百怪、五彩缤纷的岛屿。它们或是椰林树影、水清沙幼，或是傲然伫立、遗世而独立，或是原始自然、民风淳朴……踏上缤纷的海岛，体验奇异的海岛风情！

1. 度假天堂

　　唯美浪漫的北海道带给你冰火两重天的非凡体验，马尔代夫群岛的点点小岛像是上帝抛洒在人间的项链，夏威夷群岛上热情的草裙舞带你回到最原始的家……忘却世俗的喧嚣，给自己的心灵放个假，在纯净悠闲、美妙绝伦的度假天堂中找寻最真实的快乐！

热带天堂——海南岛

三亚归来不看海,除却亚龙不是湾。亚龙湾因其细软洁白的沙滩、澄澈晶莹的海水、五彩缤纷的海底世界而被誉为"天下第一湾"。诗情画意的海岸风光、完善舒适的度假设施和丰富多彩的旅游项目使亚龙湾成为人们心驰神往的度假天堂。"三亚归来不看海,除却亚龙不是湾"是人们对亚龙湾由衷的赞誉。

亚龙湾

亚龙湾海湾面积 66 平方千米,柔软细腻的沙滩绵延长约 8 千米,是美国夏威夷海滩长度的 3 倍。海底珊瑚礁保存完好,拥有众多形态各异、色彩斑斓的热带鱼种。在"中国最美的地方"评选活动中,亚龙湾位居最美的"八大海岸"之首。亚龙湾的海滨度假酒店别具特色。这里有充满南洋风情的湾铂尔曼度假酒店、以海洋主题建筑特色取胜的三亚海韵度假酒店、希尔顿国际在中国的第一家全球度假村金茂三亚希尔顿大酒店以及丽思卡尔顿酒店。其中,尤以丽思卡尔顿酒店最为出色,是时尚旅行者浸入极致度假体验之首选。

建筑师 WAT & G 将丽丝卡尔顿酒店设计成字母 U 形。酒店内拥有 334 间单间面积超过 60 平方米的景致客房,450 间设施完善的豪华客房,17 间风格迥异的观景套房,以及 33 座带有独立泳池、享有私密空间的私家别墅。沙滩、海水、别墅融为一体,给人最惬意奢华的度假享受。酒店内还有以南中国海为背景的三亚唯一的室外婚礼礼堂。

如果说亚龙湾是一位端庄美丽的大家闺秀,蜈支洲岛则更像是一位宁静清丽的小家碧玉。许久以来,它躲在亚龙湾美丽的风景背后静静地绽放,有人把它称为"中国的马尔代夫"。岛上风光绮丽,独具特色的度假别墅、木屋及酒吧散落在小岛上。离海滩不远的林带边缘有好多用竹子和芭蕉叶搭建而成的情侣小屋,满溢浪漫气息。网球场、海鲜餐厅等配套设施齐全,岛上还开展了包括潜水、海钓、滑水、帆船、摩托艇、香蕉船、独木舟、沙滩摩托车、沙滩排球等30多项海上和沙滩娱乐项目,给前来度假的人们带来原始、静谧、动感、时尚的休闲体验。迤逦的自然风光,甜蜜的度假体验,更使蜈支洲岛成为国内最浪漫的蜜月胜地。

蜈支洲岛被誉为"中国第一潜水基地"。海水由透明到碧绿到浅蓝,如梦如幻。中部山林草地逶迤起伏,绿影婆娑。北部滩平浪静,沙质洁白细腻,恍若玉带天成。四周海域清澈透明,盛产夜光螺、龙虾、马鲛鱼、鲳鱼、海参、海胆和五颜六色的热带鱼。蜈支洲岛海底有着保护良好的珊瑚礁,是世界上为数不多的没有礁石或者鹅卵石混杂的海岛,也因此成为国内目前最佳的潜水胜地。

黎族是海南岛最早的居民。他们勤劳智慧、能歌善舞,创造了源远流长的文化艺术。黎族以其绚丽的织锦工艺闻名于世。据记载,汉代黎族地区就已出现"男子种苎麻,女子桑蚕织绩"的劳动景象。到宋代时,黎锦工艺已达到很高水平,妇女们用简单的工具就可织出带有精美花纹图案的

竹竿舞

筒裙、被单、花带和绣有立体花纹图案的黎锦,驰名于世。

黎族歌舞是三亚舞蹈艺术的代表,其舞姿来源于一些狩猎耕作的基本动作,而其旋律则来源于民间传统歌谣。每逢丰收、新春佳节和"三月三"时节,黎族同胞不约而同地来到村寨开阔之地燃起火把,敲响铜锣,跳起"竹竿舞"、"鹿回头"、"椰壳舞",庆祝一年中特殊的节日。

东海福地——舟山群岛

富饶秀丽的舟山群岛是中国最大的群岛,素以"渔盐之利,舟楫

之便"而闻名遐迩。1 339座岛屿散布在我国大陆东侧的东海海面,赋予了舟山群岛无穷的魅力。群岛上渔场面积大约占整个海域的3/4,被誉为"东海鱼仓"和"中国渔都"。这里有我国最大的渔场——舟山渔场。在这里,你可买到新鲜的海产品、品尝到美味的海鲜。

舟山渔场的水产品种类繁多,而且兼具实用价值和经济价值。鱼虾蟹贝藻类品种之多、产量之高,在世界渔场中屈指可数。位于舟山群岛的沈家门渔港是我国最大的天然渔港,与挪威的卑尔根港、秘鲁的卡亚俄港

沈家门渔港

并称世界三大渔港。因沈家门航运发达、鱼市兴旺,旧时有"小上海"之称。得天独厚的海鲜资源,使舟山的海洋美食文化源远流长,并形成了"重口味、轻形状、鲜咸合一"的特色。当地居民擅长烧、炖、蒸、腌等烹饪调法,做出的海鲜风味别具一格。

"忽闻岛上有仙山,山在虚无缥缈间。"舟山群岛上寺庙林立、信徒众多,形成了独特的观音信仰文化。普陀山作为观世音菩萨教化众生的道场,自古就有"海天佛国"之美誉,并与山西五台山、四川峨眉山以及安徽九华山并称为中国四大佛教名山。

普陀山观音像

普陀山面积较小、四面环海,山上任何一个寺庙内都能听到海涛声。这里的观音菩萨寺院大都临海而建或依山瞰海而筑,人们可在潮水拍岸中诵经顶拜,在眺海观潮中礼念救度。普陀山宗教活动历史悠久,最早可追溯到秦朝。普陀山位于海上丝绸之路的航道上,是供船只泊锚、补充供给或躲避风浪的重要港口。相

传,南海观世音曾在这里讲经说法,普度众生。由于舟山渔民对观音的尊崇,这里也就逐渐形成了现在的观音道场,甚至在舟山群岛上还出现了"岛岛建寺庙,村村有僧尼。处处念弥陀,户户拜观音"的盛况,被人们称为"观音之乡"。

活力宝岛——中国台湾

如果想到一个美丽富饶、山明水秀的远方去旅行,而这个地方又不会让你产生客居他乡的孤寂之感的话,那么就去台湾岛吧。位于东南沿海大陆架上的台湾岛,是中国第一大岛,自然资源十分丰富,素有"祖国宝岛"之称。"山高"、"岸奇"、"民宿"、"夜市"是台湾岛度假的代名词。

宝岛台湾是世界上少有的热带亚热带"高山之岛",高山和丘陵占了全部面积的 2/3 以上。除了阿里山、日月潭等经典自然景观,被誉为"台湾的天涯海角"的垦丁公园,也可谓是人们尽情享受沙滩、海水和阳光的度假胜地。垦丁公园是台湾岛上同时拥有海域和陆地的大型公园,也是台湾本岛唯一的热带公园。园内巨礁嶙峋,热带海岸植物繁衍其间。垦丁公园内的鹅銮鼻岬角处有块巨石因形状酷似尼克松,被当地人称为"尼克松石头"。茂密的热带树林更是为乌头翁、树鹊、小弯嘴画眉等众多鸟类活动提供了广阔的生存空间。每年春天,垦丁公园内都会举行题为"春天的呐喊"的户外音乐活动,当地独有的音乐风格吸引了众多音乐爱好者齐聚一堂。

在台湾,每个城市几乎都有夜市。夜市是台湾特有的平民文化。每当夜幕降临,这些夜市便热闹起来,人们下班之后从四面八方涌来,在美味的小吃和新鲜的果汁中抖落一天的疲劳。

台湾夜市众多,其中士林

士林夜市的小吃街

夜市是台北夜市中最兴盛、最平民化的观光夜市。士林夜市因所含范围极广，又多为曲折的小街巷弄，常常会给游客"柳暗花明又一村"的惊喜。士林夜市主要分为两大部分。一部分是慈诚宫对面的市场小吃，建于1909年，1927年改建成了今日面貌。这里，各

台北101大厦

种小吃琳琅满目，游人摩肩接踵，被挤得水泄不通；另一部分则以阳明戏院为中心，由大东路、基河路、文林路三条道路至大南路等热闹街市集结而成，穿梭其间，便会被那浓郁热闹的生活气息所吸引。

梦想天堂——马尔代夫

　　看过《麦兜故事》的人都会记得，电影里面那个可爱的小猪总是在喃喃地念叨着要去马尔代夫："那里椰林树影，水清沙幼，蓝天白云，是散落在南印度洋的世外桃源……"或许是麦兜的痴迷深深地感染了忙碌的人们，使他们也迷恋上了这种梦境。

　　如今的马尔代夫，已成为"悠闲假期"、"梦想天堂"的代名词。在蓝天与海水营造出的童话世界中，人们可以彻底放松自己的身心，抛却世俗的烦恼，畅享这海天一色的如画风景。也许这就是马尔代夫的魅力！在马尔代夫最大的享受就是看海。从高空俯瞰这个世界上最大的珊瑚岛国，湛蓝清澈的海水中，一个个花环般的绿色小岛星罗棋布，犹如从天际散落的串串珍珠镶嵌在蓝色透明的美玉上。小岛周围环绕着一圈雪白的沙滩，海水的颜色从若有若无的浅蓝到翡翠般的孔雀蓝再到神秘的幽蓝，逐渐分层。马尔代夫蓝、白、绿三色绝妙的搭配使它赢得了"上帝抛洒人间的项链"、"地球上最后的香格里拉"、"印度洋上的花环"等众多美誉。马尔代夫拥有数千种热带鱼。美丽的珊

瑚、色彩斑斓的热带鱼，让人目不暇接。作为全球三大潜水胜地之一，在这里深潜需要专业的潜水执照，但游客可以选择浮潜，只需租上救生衣、蛙镜、脚蹼和咬在嘴上的呼吸管就可跃入海中，与鱼儿们共舞。马尔代夫所特有的巡游岛屿活动，还可以让游客充分观赏到马尔代夫"一岛一景"的奇观。

水上屋

尤其是乘坐独具当地特色的多尼船环游岛屿，更是乐趣丛生。

　　马尔代夫目前拥有 1 200 多个岛屿，但适合人类居住的岛屿只有 200 多个。作为世界上海拔最低的国家，马尔代夫正面临着全球变暖、海平面上升的生存危机。2004 年的东南亚大海啸已经使得马尔代夫丧失了 40％ 的国土面积。根据联合国对全球暖化下海平面上升的速度计算，也许在 100 年之内，上升的海水就会吞噬整个马尔代夫。近年来，马尔代夫一直站在呼吁防止全球变暖行动的最前列，岛上的居民也都积极投入到保卫国土的行列中来，他们甚至自发收集石头以巩固海岸。

阳光下的乐土——斐济

　　"It's Fiji time!"在斐济，热情好客的斐济人经常会把这句话挂在嘴边，以提醒远道而来的客人：无论你为了什么来到斐济，千万不要着急，一切都要慢慢来。晒太阳、度蜜月、打高尔夫是斐济经久不变的主题。这里的一切都洋溢着南太平洋的原始美感。"阳光"无疑是斐济最特别的代名词。180° 经线贯穿其中，独特的地理位置使斐济成为世界上的"最东"和"最西"，并且是世界上第一个见到曙光的国家。据说被第一缕阳光照到的人，这一年都会顺顺利利、好运当头，所以每年的第一天总会有来自世界各地的游客，在这里等待新年第一缕阳光。不同于一般大海的蓝色，斐济的海是绚丽的彩色。300 多个大小不一但却十分精致的岛屿被环状的珊瑚礁所包围。这里的海域是鱼类的天堂，无数千奇百怪、色彩斑斓的鱼儿在水中畅游，将这里的水搅动得五彩缤纷。在斐济最著名的贝卡环礁内潜水，就如同置身于一座海洋馆中，游弋在你身旁五颜六色的鱼儿触手可及。

裴济风光

斐济是众多名人所钟爱的蜜月天堂。赫赫有名的比尔·盖茨，就选择了在斐济的瓦卡亚岛为自己的蜜月之旅画上一个完美的句号。好莱坞著名影星米歇尔·菲弗、妮可·基德曼等也曾慕名而来。

在斐济，人们可以没有电视，但不能没有高尔夫。如今高尔夫已成为斐济的一项全民运动，几乎每个岛上都设有高尔夫球练习场。斐济的高尔夫之所以如此出名，与曾经排名世界第一的高尔夫名将辛格有很大关系，因为斐济正是辛格的故乡。在斐济的迷人风景中，潇洒地挥杆也是人生一大享受。

斐济是世界上唯一一个没有发现癌症的国家。斐济岛上的居民之所以普遍长寿，主要与他们的饮食习惯密切相关。斐济人喜欢吃荞麦。荞麦中含有某种 B 族维生素以及微量元素硒，具有抗癌作用。此

快乐的裴济人

外，荞麦中还含有丰富的荞麦碱、芦丁、烟酸、亚油酸和多种维生素及铁、锌、钙等对人体有益的成分，这些都是一般细粮所不具备的。岛上的人们还把杏仁、杏干作为必备的伴食佐餐，杏肉内丰富的维生素 A、维生素 C、儿茶酚、黄酮和多种微量元素，都具有抗癌作用。由于靠海而居，斐济人还特别爱

吃海产品，新鲜的鱼、虾、贝类等海产品充分补充了人体所需的营养。除了良好的饮食习惯，乐观从容的时间观、积极的心态也是斐济人长寿的秘诀。当你看到穿着民族服装、脸上抹着斑斓的油彩、自由自在地弹着吉他的斐济人，便会对这样一句话有了全新的理解：对斐济人来说，时间是用来浪费的。

在岛屿深处的斐济村，仍保留着 20 世纪初的原始风貌，岛民们在这里过着近乎原始而淳朴的生活。在斐济村，随处可见男人头戴扶桑花到处游走且毫无羞涩之感。斐济居民有戴花的习惯，男男女女无一例外，并且有着约定习俗。将花戴在左边表示未婚，而把花

头戴鲜花的斐济男人

戴在两边则表示已婚。男人不仅戴花，还穿裙子。大街上的男警察甚至穿着三角形裙边的裙子在指挥交通，而女警察却着裤装。

此外，这里还有一些非常奇怪的规矩，比如村民不许戴帽子，只有村长才有戴帽子的特权；千万不要摸别人的头，斐济人会认为那是对他最大的羞辱。斐济人始终保留的将深海中的鱼群呼唤到浅海来捕捉的神奇颂唱仪式以及传统的走火仪式，更会让你目瞪口呆。

2. 潜水胜地

大海，在旖旎的海岸风光之外，还潜藏着一个神奇变幻的海底世界。成群结队的热带鱼，五彩斑斓的珊瑚礁，千奇百怪的海洋生物，总会让你情不自禁地感叹大海的奇妙与精彩。潜入水中，享受"鱼翔浅底"的快乐和自由吧！

地球最美的装饰品——大堡礁

大堡礁是世界上最大最长的珊瑚礁群，是由珊瑚虫建造的珊瑚礁

体构成的，即使在月球上远望依旧清晰可见。400多种活珊瑚使大堡礁的海岸泛着天蓝、靛蓝、蔚蓝和纯白色等绚丽的光芒，堪称"地球最美的装饰品"。大堡礁是世界七大自然景观之一，因其生物的丰富多样性，又有"透明清澈的海中野生王

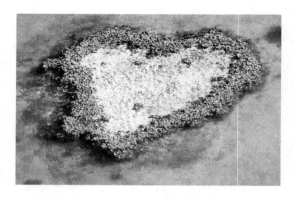

浪漫的心形珊瑚礁

国"之称。1981年，大堡礁被列入世界自然遗产名录。

　　大堡礁神奇的海底世界最让人拍案叫绝。潜入水中，颜色从蓝色、鹿角棕色到错综复杂的粉红及深红汇集成一个绚丽多彩的水下宫殿。彩色的活珊瑚还与400多种海绵生物、4 000多种软体动物、1 500多种鱼类，以及其他千奇百怪、五彩斑斓的海洋生物共同生活在一起，充满了生命的奇妙。潜入其中，与自由穿梭的缤纷鱼群擦肩而过，仿佛置身传说中的鱼类王国，实乃人生一大乐事。

海底"漩涡"——西巴丹岛

　　西巴丹岛是马来西亚东岸苏拉威西海中的岛屿。西巴丹是由海底的一座死火山顶端的珊瑚礁形成的海岛，岛屿从600米深的海底直接伸出海面，水下部分形如一柱擎天的烟囱，十分陡峭。在西巴丹海边，如果多跨出一步，水深也许就会从3米直接变为600米。因此，西巴丹被誉为世界级的峭壁潜水胜地。从高处俯瞰，西巴丹岛仿佛一朵安详盛开在海上的蘑菇花。

　　岛上繁茂的热带雨林中点缀着零星的白屋，美丽异常。然而，西巴丹缤纷绚烂的海底世界的美水面上仅占三分，那七分的奇幻与瑰丽只有潜入水下才能欣赏到。

　　西巴丹岛所处海域拥有世界上最丰富的海洋生态系统，大约有3 000种鱼和数百种珊瑚以及其他生物。最负盛名的便是海中比比皆

是的海龟和玳瑁。此外，世界上唯一被人类发现的龟冢也在这里。畅游其中，令人叹为观止。西巴丹岛的水下世界摄人心魂。在任何据点潜水，你能看到的绝对不是一两只海龟或鱼儿，而是几十只海龟以及成千上万条的鱼类组成的巨大鱼群。任何一个潜水者都不能错过的美景便是梭鱼聚集的梭鱼

缤纷绚烂的海底世界

坪。数以千计的梭鱼经常聚集于此，形成如台风眼般的大旋涡，在海底穿梭飞舞，景象蔚为壮观。

3. 探险乐园

掀开百慕大群岛的神秘面纱，探寻恐怖气息之外的世外风情；走进电影《加勒比海盗》的拍摄地牙买加皇家港口，体验非同寻常的海盗文化；登陆科隆群岛，探秘激发达尔文"生物进化论"灵感的奇异生物……整装待发，驶进充满挑战的探险乐园！

海盗传奇——牙买加

随着好莱坞巨制《加勒比海盗》四部曲的热映，影片中所塑造的那些不畏强暴、追求财富、向往自由、渴望冒险的海盗形象也逐渐深入人心。近年来，描写海盗的作品越发火爆。作为影片《加勒比海盗3》拍摄地的牙买加皇家港口，也成为人们追寻和探索海盗文化的理想宝地。加勒比海曾经是海盗出没最为频繁的海域。牙买加皇家港口是17世纪加勒比海地区一个非常重要的航海港口，也是当时奴隶、糖和原材料的贸易中心。1655年牙买加被英国占领，因当时的英国政府鼓励海盗在此定居，并允许其在海上劫持过往的法国和西班牙商船，所以这里也就成为猖狂一时的海盗大本营。这里是"海盗乐园"亦是"地球上最富有、最邪恶的地方"。在《加勒比海盗3》中，杰克船长成

功离开毛利人的岛屿后遵循着特瑞格的指示来到皇家港口，并在这里找到了名叫"打莱玛"的吉卜赛女人。

也许这里实在太过混乱和邪恶而遭到了"上帝的惩罚"。1692年，一场突如其来的大地震摧毁了这座海盗之城。

牙买加

由于牙买加建在一片沙洲之上，而且高出当时的海平面还不到1米，所以整座城市大约有2/3的面积都沉入了海底。距离港口较远地带的建筑至今仍然完好无损地矗立于水中。位于弗吉尼亚的航海博物馆中保存着对此次地震比较详细的记录。

数百年来，无数考古爱好者对这座水下城市充满了好奇，并希望能够从中找到当初海盗们的传奇故事。从这个沉没的遗址中，人们可以考察17世纪时加勒比海殖民地的城市规划、建筑结构以及人们的日常生活。最具戏剧性的是，20世纪60年代考古学家在海中发现了一只怀表，而怀表指针则精确地定格在11时43分，这正是那次大地震发生的瞬间。

几百年来，牙买加都欢迎来自其他国家的人到岛上定居。这个小小的海岛接待了发现它的美国印第安人，将它占为己有的欧洲人，在这里安家的非洲人以及为寻找更好生活而来的亚洲人、印地安人和中东地区的人们。每一个民族都带着他们的故事和传统，并将其融入到牙买加这个大熔炉里。所有这些结合在一起，赋予牙买加丰富的历史和富饶的历史遗产——

电影《加勒比海盗》剧照

传说、文化和风俗；这一切都以牙买加美丽的青山绿水作为背景向人们呈现出来。

牙买加皇家港口

牙买加有丰富的水草，淙淙的泉水。牙买加岛内的众多山峰都不高。在山间，你可以看到山泉从悬崖的裂缝中流出，汇集成小溪，形成瀑布落入涧中；涧水又汇成小河和大河，奔流入大海。这个位于加勒比海北部的岛国，向来以山、水和阳光著称，多年来不知迷倒了多少新婚夫妇，同时荣获了加勒比海最佳旅游点的殊荣。

航海幽灵——百慕大群岛

1503 年，西班牙航海家胡安·百慕大最早发现了这片海域，故名"百慕大"。之后，这里便成为西班牙和葡萄牙过往船只的补给地。1609 年，英国海军给百慕大带来第一批"移民"，从此这里也就成为英国殖民地，也是英国历史最悠久的海外领地。这里险礁遍布、天气恶劣，流传着很多幽灵鬼怪的传说，因此百慕大也曾被称为"恶魔之岛"。许久以来，百慕大一直被笼罩在神秘恐怖的乌云之下，然而真实的百慕大群岛却仿若一片世外桃源。百慕大群岛距离陆地较远，因此又被称为"地球上最孤立的群岛"。这里虽然没有茂密的原始森林，但因百慕大群岛和美洲大陆之间有一股暖流通过，所以群岛上四季如春，拥有花香四溢、蓝天绿水、白鸥飞翔的秀丽风景。群岛上的教堂和欧洲中世纪的古老城堡，散发着独有的人文气息。一旦你踏上这片美丽的岛屿，就会对之前听到过的关于百慕大三角的传言产生怀疑：那些恐怖故事都是想独占这片净土的人们虚构出来的吧？

也许，是百慕大群岛的神秘海域使它蜚声世界。那些谜团，也许只有上帝才能解释清楚。人们对百慕大三角既充满恐惧，又憧憬着有机会能够亲自踏上这片神奇的海域，与传说中的魔鬼三角进行一次亲

百慕大海事博物馆

密接触，一探其庐山真面目。

在百慕大群岛，最早记录的神秘失踪事件是在1840年。当时法国的"罗莎里"号远洋航船，满载着香水、绸缎和酒类等物品从法国出发驶向古巴。然而在数星期之后，英国海军在百慕大三角的海面上发现了这艘船，船上货物虽完好无损，但所有的船员却音讯全无。而最终将这片离奇的海域定名为"百慕大三角区"则是1945年美国第19飞行中队的神秘失踪事件。由于美国飞行队当时制定的飞行区域是一个三角形，后来人们也就把北起百慕大群岛、西至美国佛罗里达州的迈阿密、南到波多黎各所形成的这片三角形区域称作"魔鬼三角"。人们根据百慕大的神秘事件拍摄了电影《神秘百慕大三角》。

第六部分　海洋美食篇

食之至鲜，不过海珍。这里既有参鲍之尊，虾蟹之美，又有海藻之清淡；既有悦目之色，沁脾之香，美舌之味，又有悦人雅兴之轶事佳话……

一、中国四大海鲜名品——鲍参翅肚

民以食为天，饮食是人类生活中永恒的主题，尤其在"钟鼓馔玉不足贵"的今天，吃饭已不仅仅是为了满足生理需要，而是越来越追求美食的文化之味了。鲍鱼、海参、鱼翅、鱼肚这四味海鲜，号称"中国四大海鲜名品"。"金樽清酒斗十千，玉盘珍羞直万钱"，自古以来，它们是中餐里的极品、奢华的象征。随着社会的发展和人们生活水平的提高，它们已走进寻常百姓家。

1. 贡品之首——鲍鱼

鲍鱼不是鱼，而是海产贝类，原名"鳆鱼"，其外壳称石决明，是一味中药材。因其外壳扁而宽，形状有些像人的耳朵，所以也叫它"海耳"。

鲍鱼乃美味之王，自古以来，鲍鱼就在中国菜肴中占有唯我独尊的地位。《后汉书·伏湛传》中记载："张步遣使隆，指阙上书，献鳆鱼。"由

鲍　鱼

此可见，鲍鱼在汉代就被列为贡品了。西汉末年新朝的建立者王莽，就很喜欢吃鲍鱼，《汉书·王莽传》载："王莽事将败，悉不下饭，唯饮酒，啖鲍鱼肝。"三国时代的枭雄曹操，也喜食鲍鱼。及至南宋，伟大的诗人苏东坡更在嗜吃鲍鱼之余，专门写下《鳆鱼行》盛赞鲍鱼。到清朝时，据说沿海各地大官朝见时，大都进贡鲍鱼：一品官员进贡一头鲍，七品官员进贡七头鲍，以此类推。前者的价格可能是后者的十几倍。

正如"樱桃好吃树难栽"一样，鲍鱼虽好吃，做起来却费工夫，人们在烹制鲍鱼时从来都是不厌其烦，并且形成了各地的特色。

扒原壳鲍鱼

扒原壳鲍鱼是山东的一道名菜。制作此菜需先把鲍鱼肉扒制成熟。"扒"是八种基本烹饪方法之一，将原料过水，整齐码放入盘再扣入炒锅，慢火入味，打芡后大翻勺，原料不散不烂。然后再装入原壳，使之保持原状。原壳置原味，再浇以芡汁，恰似鲍鱼潜游海底，造型美观，别有情趣。大诗人苏东坡曾挥毫题写过赞美的诗句："膳夫善治荐华堂，坐令雕俎生辉光。肉芝石耳不足数，醋笔鱼皮真倚墙。"

鲍鱼扣野鸭

鲍鱼扣野鸭是杭州名菜。鲍鱼洗净用上汤煨酥，野鸭加葱、姜蒸熟，切片后加入绍酒、精盐、味精、原鸭汤，用玻璃纸封口上屉蒸。绿蔬菜焯熟调味，围放在鲍鱼、野鸭的四周，将米汤芡淋在扣菜上即可。如今随着生活水平的提高，人们在吃上也越来越讲究。野鸭相比家鸭更绿色天然，而且其营养价值很高，江南一带常以之煨汤作为产妇或病后开胃增食的补品。

红煨鲍鱼

红煨鲍鱼与组庵鱼翅、龟羊汤一起被称为三大传统湘菜。红煨鲍鱼属于补虚养身食疗药膳之一，对改善症状很有帮助。湖南地处内陆，早年交通不便，湘厨得不到鲜活海鲜，只能用干海味做菜，久而久之成就了湘厨擅烹干海味的绝活。"红煨鲍鱼"就承载着历代湘厨精烹海味的遗韵，其中心部分黏黏软软，入口时质感柔软极有韧度，这也是美食界所说的"糖心"效果。

红煨鲍鱼

2. 海中"人参"——海参

海参，又名"海鼠"、"海男子"。它的外形呈圆筒状，颜色暗黑，浑身长满肉刺，实在不美观，可想而知第一个吃海参的人是需要勇气的，然后方能发现它的外拙内秀、貌丑味真。别看海参其貌不扬，它可是与人参齐名的滋补食品。据《本草纲目拾遗》记载："海参，味甘咸，补肾，益精髓，摄小便，壮阳疗痿，其性温补，足敌人参。"

海参是一种古老的动物，但把它作为美食的历史却很短。在中国，最早关于海参的记载出现在三国时期沈莹所著的《临海水土异物志》："土肉（海参）正黑，如小儿臂大，长五寸，中有腹，无口目。"但真正认识到海参的食用价值却是在明朝。明末姚可成的《食物本草》中说海参"功擅补益，肴品中之最珍贵者也"。

海　参

纵使如此，直至清朝初期海参入菜依然没有真正兴盛起来，在《红楼梦》令人眼花缭乱的山珍海味中，就没有海参。到了乾隆时期，大名鼎鼎的美食家袁枚在其《随园食单》中详细描述了海参的三种做法，从选料到工序都极其考究，足见他对这一菜品的喜爱与重视程度。大抵是从这时开始,海参菜以它独特的魅力迅速征服了饮食界,从沿海扩展到内陆各地,从皇家御膳普及到酒店饭庄,成为宴席上的"压轴"菜品。

如今,我国各地都创制了代表性的海参菜,它们各具特色,各有千秋,形成了"争艳"之势。以下撷取其中的四种,供读者品评。

葱烧海参

1983 年,烹饪大师王义均先生带着一道"葱烧海参"登上了全国烹饪技术比赛的舞台。他选用胶东半岛的刺参、山东章丘的"葱王",精心烹制,终于一炮打响,赢得了金奖,王义均本人亦在餐饮界获得了"海参王"的美誉。后来,这

葱烧海参

道"葱烧海参"经过不断改良,成为鲁菜的当家之菜、扛鼎之作,亦成为海参菜品之首。

海参捞饭

海参捞饭

海参捞饭是粤菜海参的代表。广东同样是盛产海鲜之地,但广东人口味偏清淡,又喜食大米,在海参的烹饪上自然有不同于北方的特色,"海参捞饭"就是一例。海参清香的味道和爽脆的口感,配以白米饭的绵软,是最适合不过的养胃佳品。

乌龙踏雪（海参小豆腐）

海参小豆腐虽然是家常菜，却有一个大雅之名——乌龙踏雪。海参有乌龙的矫健，小豆腐有雪的丰姿，物性一温一火，两者搭配，无论在外形还是营养上都可谓锦上添花，加上小白菜的绿意盎然，既有"白雪却嫌春色晚，故穿庭树作飞

乌龙踏雪

花"的诗意，又有"遥知小阁还斜照，羡煞乌龙卧锦菌"的韵味，可谓妙极。

3. 珍馐美味——鱼翅

鱼翅，就是鲨鱼的鳍中的细丝状软骨，是用鲨鱼鳍加工而成的一种海产珍品。最初渔民出售鲨鱼后，将鱼鳍留下自己食用，后来发现鲨鱼鳍内含有胶状翅丝，而且口味甚美，远超过鲨鱼肉，鱼商遂收为商品出售，如此鱼翅才渐渐出现在宴席上。最早吃鱼翅的是渔民，始于明朝。

古人称鲨鱼为鲛鱼，也写作沙鱼，是海洋中的庞然大物，号称"海

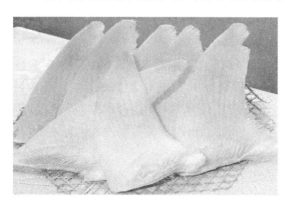

鱼　翅

中狼"。明朝李时珍《本草纲目》记载："沙鱼……形并似鱼，青目赤颊，背上有鬣，腹下有翅，味并肥美，南人珍之。"可见，食用鱼翅起源于南方，但很快就传到北方，大凡宴会看饩，设这一道菜方显尊贵。

清朝以后，鱼翅不

但供应量明显增加,身价也与日倍增,官员们更是把它作为贡品进献给皇帝,补列为御膳。清代饮食大观《调鼎集》记载:"鱼翅以金针菜、肉丝炖烂常食,和颜色,解忧郁,有益于人。"古代文学作品中也评价鱼翅为"珍馐美味"、"绝好下饭"。那时,鱼翅仅列入豪门饮食,寻常人家是可望而不可即。

凤凰鱼翅

凤凰鱼翅是山东名菜,出自孔府,是曲阜最著名的特色菜品之一。相传,清朝乾隆年间鱼翅被当做贡品从国外流入中国时,御厨不知该如何炮制它,只得先把它泡软,刮去表面粗糙的"沙皮"。至于怎样煮才好吃也心中无

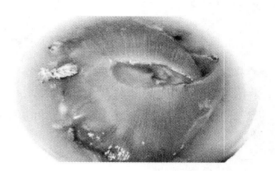

凤凰鱼翅

数。于是心想:"既然是好东西,那么跟好东西一块儿煮肯定错不了。"就这样,他把当时最为美味的鸡、火腿、牛肉等连同鱼翅一起放进锅里煮,结果端上桌后皇上大加赞赏。

木瓜鱼翅

木瓜是抗病保健佳果,又称万寿瓜,果肉厚实,香气浓郁,甜美可口,其特有的木瓜酵素还能帮助滋润肌肤,排除毒素。木瓜、鱼翅合理搭配,翅浓瓜香,滋补、美容。木瓜鱼翅的做法相对简单,将木瓜切开去瓤,清洗干净,然后将发好的鱼翅放进木瓜待用,再将老鸡、瘦肉、瑶柱、火腿高温炖成高汤。把已炖好的高汤倒进木瓜里,将木瓜加盖,放进蒸柜里蒸约 20 分钟即可。

近年来,许多关注动物及生态环境的团体与个人都在提倡"保护鲨鱼,拒吃鱼翅"。原因在于:其一,为了高价的鱼翅,每年约有 1 亿头鲨鱼被捕杀,食用鱼翅正使鲨鱼这一出现超过 4 亿年的古老物种遭遇

绝灭之灾；其二，就营养成分来说，有很多可以替代的产品，几个鸡蛋所含蛋白质的量就与鱼翅所含蛋白质的量相当；其三，许多研究表明，由于海洋受到污染，使得鱼翅含有水银等对人体有害的物质。

值得一提的是，促使人们不忍吃鱼翅的很重要原因，也许在于获取鱼翅的残忍过程。

木瓜鱼翅

由于鲨鱼肉价值很低，为了保证有足够的空间存放价值更高的鱼翅，渔民割下鲨鱼的鳍之后便将鲨鱼抛回海中，这些鲨鱼会在海底挣扎数小时甚至数天后死亡。鲨鱼保护者呼吁：没有消费，便没有杀戮！在某种意义上，鱼翅的味道不是来自于本身的自然口味，而是来自于"社会口味"，即社会所赋予鱼翅的含义。那么，不知道你有没有想过，人的虚荣心与一个物种的灭绝哪个更重要呢？而且，这个物种的灭绝还会导致海洋生态的危机，最后遭受更大灾难的其实正是我们自己。不过，餐饮业内鱼翅的地位似乎难以撼动，许多酒楼仍把巨大的鱼翅展示在最醒目的地方以作标榜。

4. "海洋人参"——鱼肚

鱼肚，即鱼鳔、鱼胶，为鱼鳔干制而成，以富有胶质而著称，所以又被称为"花胶"，是我国传统的名贵食品之一，素有"海洋人参"之誉。鱼鳔是鱼的沉浮器官，所以鱼肚还有个可爱的名字叫做"鱼泡泡"。鱼肚有黄鱼肚、回鱼肚、鳗鱼肚、鲨鱼肚、鲵子鱼肚等，以广东的"广肚"为最佳，福建的"毛鱼肚"成色较次于"广肚"，但也是佳品。

四大海味"鲍参翅肚"中的"肚"所指的正是鱼肚，它自古以来就是珍品，身价不菲。中国人从鱼中剖摘鱼肚食用，可追溯至汉朝之前。1600多年前的《齐民要术》就中就有关于鱼肚的记载。到了唐代，鱼肚已经被列为贡品进献给皇帝享用。从前在渔村，如果捕到黄唇鱼（就是现在制作高级花胶的金钱鳘）就要举村庆贺，分而食之，并将鱼鳔晒干，珍藏，以备急用。据说在新中国成立之初，洞头县北沙乡曾捕获一条重 65 千克的黄唇鱼，渔民将鱼鳔取出风干后，呈寄北京献给毛主席，而中央将其"完璧归赵"，并写信表示感谢。到了现在，普通鱼肚通常为每斤几百元至几千元不等，有些 50 年以上的鱼肚甚至能叫价每斤 10 万元。

鱼　肚

鱼肚富含胶原蛋白，但由于味较腥，本身又没有太强的鲜味，入菜取的是其质感，一般是用来做炖汤的材料，加强高汤的口感和黏稠度，品质好一些的才会用来做成菜肴。

红梅鱼肚

红梅鱼肚

此菜选用鱼肚为主要原料，配以龙虾须，用蒸、烤两种方法制成，因制茸的大虾须成红梅状，故得其名。它需要刀工精细，讲究火候，是一道颇考验厨艺的菜品。此菜曾是辽宁省参加全国烹饪名师技术表演鉴定会的表演菜。对于名菜来说，在技艺之外还需有意境，方能取胜。此菜虾饼红润，鱼肚雪白，两色两味，咸甜交融，美观悦目。正所谓"梅须逊雪三分白，雪却输梅一段香"。

金汤鱼肚

这是一道典型的看起来简单实则大有乾坤的菜。用老鸡、排骨、瘦肉、鸡爪等大火煲 8 小时熬成高汤，然后在高汤中加入南瓜、鸡精、酱油，"金汤"就是这么做成的。将鱼肚放入炖锅，加入适量开水，炖上 1～2 个小时。炖好后，汤水呈透明状，食之滑爽，才算极品。此汤色泽金黄诱人，口感咸鲜醇厚，食毕回味无穷，正可谓"清泉楼台宇，艳阳晒金汤"，喝此汤乃人生一大乐事也。

金汤鱼肚

二、形态各异的海中明珠——贝类

贝类不像参鲍燕翅那样价高难求。贝类"内外兼修"，不仅是餐桌上的美食，其色彩斑斓的贝壳有的还是药材，有的还可以制成精美的工艺品，留给人们关于大海的回忆。有人说，贝类绝不是用来满足饥饿的胃，而是用来征服挑剔的嘴，吃贝类是为了"尝鲜"而非"果腹"。贝类本来就是海味里的天然味精，讲究的是那股天然的海水酝酿出来的鲜美之味。

1. 物美价廉——蛤蜊

蛤 蜊

蛤蜊味道鲜美，不像鲍鱼、鱼翅等海鲜那样价高难求，被青岛人骄傲地称为"百味之冠"。

蛤蜊是双壳类动物。可食的蛤类有文蛤、花蛤、斧蛤、圆蛤等，颜色有红、有白，也有紫黄、红紫不等。它们生活于浅海泥沙滩中,旧时每逢阴历的初一、十五落潮,沿海的渔民和市民纷纷去海滩挖掘这一海味来解馋,江苏民间更是有"吃了蛤蜊肉,百味都失灵"的说法。很早以前,渔民没有保鲜设备,卖不掉的蛤蜊很容易变质,于是就把蛤蜊煮熟后晒干制成蛤干,或者用很低廉的价格卖给城乡平民。历史上胶东半岛普遍有食用蛤蜊的习惯。

蛤蜊不仅物美价廉,营养也很全面。据《神农本草经疏》记载:"蛤蜊其性滋润而助津液,故能润五脏、止消渴,开胃也。"此外,蛤蜊还被推荐为孕妇的极佳食物,因为蛤蜊中含有丰富的钙、铁、锌元素,可以减轻孕期不良反应,并且为胎儿供给优质的营养。

蛤蜊非常鲜,做法又简单,无论是炒、煮、拌、烤,还是包饺子、包包子,都很好吃。但要注意,蛤蜊是自然天成的海味,所以烹制时千万不要再加味精,也不宜多放盐,以免鲜味反失。

炒蛤蜊

最常见的是辣炒蛤蜊。锅中加入少许油烧到三成热,放入姜片、蒜末炒香,然后放入蛤蜊,依次加入酱油、白糖、豆豉酱炒匀,直到蛤蜊变成酱色,在出锅前放入青红椒拌匀即可。青岛人还喜食韭菜炒蛤蜊,初春时节的韭菜品质最佳,食用有益于肝。人们吃起蛤蜊就停不了,常常不一会儿面前的蛤蜊壳就堆成了小山。

蒸蛤蜊

蒸蛤蜊

蒸蛤蜊是健脑美容的冬季佳肴。瓷盘里放入丝瓜、姜片、大蒜、辣椒丝配色,加盐拌匀后上锅蒸,起锅前放入蛤蜊肉,撒上青葱花,淋上香油即可。这是一道别出心裁的菜品,还具有清热止咳化痰的功效。烹调时不需加过多的调味料,尽量以原味呈现。丝瓜的清香配上大蒜的浓香，再吸收蛤蜊的海鲜味，沁人心脾。

2. 盘中"明珠"——海螺

海 螺

　　海螺又称海赢、流螺、假猪螺、钉头螺，在我国的沿海均有分布，与陆地上的蜗牛是近亲。螺壳呈螺旋状，壳口内为杏红色，有珍珠光泽，可做工艺品。螺肉丰腴细腻，味道鲜美，素有"盘中明珠"的美誉。海螺还具有一定的食疗作用。在韩国，海螺汤是大病之后的复原汤；在日本，海螺也是最受欢迎的食品之一。

　　海螺的吃法多种多样，可爆炒、烧汤，或水煮后佐以姜、醋、酱油食用。

油爆海螺

　　鲁菜是北方菜的代表，以清香、鲜嫩、味纯见长，油爆海螺就是其中的名菜。油爆海螺是在山东传统名菜油爆双脆、油爆肚仁的基础上延续而来的，选用的是蓬莱沿海产的香螺，在明清年间就是流行于登州、福山的传统海味菜肴。此菜色泽洁白，质地脆嫩，入口鲜香，嚼劲儿十足，令人回味无穷。据史料记载，油爆海螺是孔府喜庆寿宴时常用的名菜，从汉初到清末，不少皇帝亲临曲阜孔府祭祀孔子，达官贵人、文人雅士前往孔府朝拜者更为众多。孔宴闻名四海，油爆海螺也随之名闻遐迩。

凉拌海螺

　　海螺肉除了可爆炒之外，其实还有很多种吃法，既能品出螺肉鲜香，又能吃出不同风味，如凉拌海螺。这种吃法据说是厦门人发明的，很多人到了厦门，都会被推荐去吃这道菜。将海螺洗刷干净，放入开水锅中煮熟，取出螺肉切成片，然后将海螺片、香菜、盐、香油、醋、姜末等拌匀即成。做法虽然很简单，但味道却完全不同于平时吃到的螺肉的香味，有一种清甜爽口的感觉。海螺肉还能与黄瓜等拌在一起，螺肉被黄瓜特有的清香和爽脆一中和，清爽可口，令人惊喜。

鲜花椒炝鲜螺片 ------------------------------------

鲜花椒炝螺片在胶东凉拌海螺的基础上，用四川的烹调技法制成，口味更加丰富。将螺肉洗净，切成薄片，入沸水焯熟待用，用葱油与花椒油将鲜花椒炝出味，入螺片拌匀即成，此菜色泽鲜艳，香味四溢。范仲淹有诗赞曰："石鼎斗茶浮乳白，海螺行酒滟波红。宴堂未尽嘉宾兴，移下秋光月色中。"

3. 海中"牛奶"——牡蛎

法国作家莫泊桑的《我的叔叔于勒》为中国读者所熟知，许多人也是从其中知道了吃牡蛎是件"文雅的事"。在这篇文章沉重的现实感中，吃牡蛎是关键的转折之处，也是少有的令人身心愉悦之处，以至于在日后谈到牡蛎的时候，最先浮上脑海的依然是这篇文章。

牡　蛎

牡蛎俗称蚝、生蚝，闽南语中称为蚵仔，别名蛎黄、海蛎子等，身体呈卵圆形，是生活在浅海泥沙中的双壳类软体动物。法国是世界上最著名的牡蛎生产国。我国所产的主要有近江牡蛎、长牡蛎和大连湾牡蛎三种。鲜牡蛎肉呈青白色，质地肥美细嫩，既是美味海珍，又能健肤美容、强身健体。牡蛎是含锌最多的天然食品之一，每天只要吃两三个牡蛎就能满足一个人全天所需的锌。不但如此，牡蛎的钙含量接近牛奶，铁含量是牛奶的 21 倍，被称为"海中牛奶"丝毫不为过。

牡蛎的熟食方法很多，而且世界各地也不乏新鲜做法。

炭烤牡蛎

炭烤牡蛎是比较流行的吃法，是用新鲜生蚝通过炭烤而成。只需将蒜蓉、姜末、酱等佐料放入刚刚撬开的生蚝内，直接放到火上烤熟即可。这样，既能保证生蚝的鲜味，又能去除蚝本身的腥味，增添了粗狂的野味感觉。

碳烤牡蛎

炸蛎黄

炸蛎黄也是备受喜爱的一道菜品。把活的牡蛎撬开，扒出蛎肉，裹上面糊置热油锅里炸至外表微黄即可，吃的时候蘸上椒盐味道更佳。

牡蛎粥

牡蛎粥又叫蚝仔粥，是福建沿海一带居民非常爱吃的海鲜小吃，坚持喝还能增进气血、消除手脚冰凉的症状。

4. 秀外慧中——扇贝

扇贝，是双壳类软体动物，因其壳形状好似一把扇子而得名。扇贝肉色洁白细嫩，味道鲜美，营养丰富。它们在大洋深处过着群居式生活，只有少部分生活在浅海。世界上出产的食用扇贝有 60 多个品种，中国几乎占了一半。在我国，捕捞野生扇贝主要在北方，以山东的东楮岛和长山岛两地最有名。20 世纪 70 年代以来，野生扇贝的产量与日剧减，中国便在山东、辽宁沿海地区人工养殖扇贝。

扇 贝

无论是在东方还是西方的食谱中，扇贝都是一种极受欢迎的食物。通常，扇贝只取内敛肌作为食材。当你打开扇贝美丽的外壳，乳白色的扇贝柱犹如海洋中的"珍珠"被托在手中，鲜美芳香，散发着大海的味道。如果能用漂亮的扇贝壳作为菜肴的容器或者装饰，恐怕就更加能引起食欲了，不但饱了口福，也饱了眼福。在东西方的食谱中，扇贝是百变的。在欧洲，扇贝通常是用黄油煎熟后作为开胃菜食用，或者裹上面包粉一起炸，在食用时配以干白葡萄酒；在中国，广东人喜欢用扇贝煲汤喝；在日本，人们喜欢将扇贝配上寿司和生鱼片一起食用。餐桌上的扇贝也是百变的，有时是盛在珊瑚红的贝壳里，有如胭脂白雪，美艳惊人；有时是和黑松露搭配，黑白分明；有时被切成半透明的宣纸一般的薄片，莹亮剔透。

蒜蓉粉丝蒸扇贝

蒜蓉粉丝蒸扇贝

蒜蓉粉丝蒸扇贝是一道很经典的海鲜菜。先把粉丝用水泡软，蒜、姜、葱切末加盐或适量的生抽拌在一起，然后将拌好的粉丝铺在贝肉上，加盖隔水蒸大约 5 分钟取出，淋上少许香油就大功告成了。扇贝的鲜香混合了蒜香、葱香，加上非常善于借味的粉丝，可谓色香味俱全，令人垂涎欲滴。

泰式扇贝

泰国菜肴的特色在于香料和咖喱。把咖喱酱拌入清鸡汤与扇贝同煮，再以香茅、莱姆叶、椰奶配合在一起，给此道佳肴增添了浓郁的东南亚特色。用椰奶调味，既减弱了人们对浓稠的咖喱可能产生的不适应感，又添加了椰子的清香之气。如果想用泰式菜肴招待客人，此道菜可以与泰式椰奶蔬菜沙拉及米饭一起上桌。曾有人这样评价泰国菜：入口时酸酸甜甜，感觉就像"初恋"；咽下时辛辣爽口，正如"热恋"；回味悠长香浓，正如"婚姻"。如果想体验这种奇妙感觉，不妨尝试一下这道菜。

法式烤扇贝

法式菜的特点是选料广泛，而且重视调味。在法式烤扇贝上可以体现出这些特点，胡萝卜、圆葱、大蒜末、鲜奶、盐、糖、黑胡椒、白酱等，光调料就令人眼花缭乱。烤制的扇贝肉质依然紧致鲜嫩有弹性，还能完美地去除海腥味，是很新鲜的开胃小品。

5. "东海夫人"——贻贝

贻贝是双壳类软体动物，外壳呈青黑褐色，生活在海滨岩石上，以北欧、北美数量最多，在我国沿海也十分常见。退潮期间，海岸岩石上常可以见到密集的贻贝。常见的品种有紫贻贝和翡翠贻贝。紫褐色壳子的就是紫贻贝，壳子带有鲜艳绿色边缘的就叫做翡翠贻贝。

贻贝在北方称海红。在南方，人们习惯于将贝肉挖出，煮熟晒干食用，因煮制时没有加盐，故称淡菜。它是驰名中外的海产珍品，肉味鲜美，营养价

贻 贝

值高于一般的贝类和鱼、虾、肉等,对促进新陈代谢、保证大脑和身体活动的营养供给具有积极的作用,其干品的蛋白质含量达 59%,因此有人把贻贝称为"海中鸡蛋"。

据《本草纲目》记载,贻贝有治疗虚劳伤惫、精血衰少、吐血久痢、肠鸣腰痛等的功能。明代医家倪朱谟对贻贝的功效尤为赞叹:"淡菜,补虚养肾之药也。"可见,它的确是一味极佳的药食两用之物。不过,根据《医学入门》所言:"须多食乃见功。"要实现贻贝的药用价值,不可浅尝而止,需要经常吃才有效果。

贻贝含有较高的蛋白质、碘、钙和铁,而脂肪含量较少,不宜单独做菜,而适合与其他食材一起烹制,以互相调剂补充。由于其味鲜美,对人体多有裨益,因此不妨常吃。

贻贝皮蛋粥

早上起来,煮一碗贻贝皮蛋粥,是新的一天的良好开始。将粳米加适量清水煮,待粥滚时加入洗净的贻贝同煮,粥煮好后放入切碎的皮蛋,稍滚,加盐调味即可。待香浓滚烫的肉粥滑入辘辘饥肠,那种满足感会使得你一天精神饱满。注意在食用前应将贻贝干放入碗中,加入热水烫至发松回软,捞出摘去贻贝中心带毛的黑色肠胃,褪去沙粒。

烧镶贻贝

午餐要丰盛,烧镶贻贝是鲁菜菜系中很有特色的菜式之一。对

烧镶贻贝

于贻贝的处理,民间通常只是在清水内洗净,然后放入锅中炖烂即食。和民间简朴的食法比较,这道贝肴就讲究得多了:将熟贝肉的肉缝里抹上由海参、鲜鸡肉、香菇等调和的馅,再用鲜鱼肉片卷起来,挂上蛋黄糊炸熟。用料考究,制作精美,深得食客青睐。

三、鲜美年年有——鱼类

鱼，作为优质的食物已相伴人类走过了几千年的历程。时至今日，鱼凭其优质的蛋白、鲜美的口味仍然是人类餐桌上的最爱……从挪威寒冷的海洋洄游而上的三文鱼；身怀剧毒却让无数人拼死一吃的河豚；背负着"恶名"而鲜味不减的鲳鱼；刺身极品金枪鱼；欧洲人"餐桌上的营养师"鳕鱼；大吉大利的加吉鱼……这些个海鱼，裹挟着神秘与自由的深海气息，比游曳于浅水的河鱼少了一分俗、多了一分鲜，总有一种是你所爱的。

1. 温软细腻——鲳鱼

鲳鱼，又名平鱼、镜鱼。它身体扁平，体闪银光，犹如镜子，尾鳍呈叉状，兼具食用和观赏。鲳鱼刺少肉嫩味美，又富含高蛋白、不饱和脂肪酸和多种微量元素，所以深受人们喜爱。《宁波志》中有关于鲳鱼的记载："身扁而锐，状如锵刀，身有两斜角，尾如燕尾，细鳞

鲳　鱼

如粟，骨软肉白，甘美，春晚最肥。"在我国的东海、南海海域四季出产鲳鱼，但以农历三月的鲳鱼味道最为鲜美，海边人有"正月雪里梅，二月桃花鲻，三月鲳鱼熬蒜心，四月鳓鱼勿刨鳞"的民谚。三国时的沈莹在《临海水土异物志》中写道："镜鱼，如镜形，体薄少肉。"鲳鱼如同纤秀的江南少女，不但体薄，而且口小牙细，浙江台州人常用"鲳鱼嘴"形容一个人嘴小漂亮。另外，人们普遍认为鲳鱼越大味道越美。

鲳鱼有多种做法，清蒸、红烧、红焖、干煸，无论高档酒店还是百姓厨房都能操作。

清蒸鲳鱼

清蒸鲳鱼是一道深受欢迎的家常菜。将新鲜鲳鱼鱼身两面改花刀，加少量精盐、酱油，再放上花椒、大料、干红小尖椒及葱、姜、蒜等调味品，入蒸锅内旺火蒸，出锅前撒上胡萝卜丝和香菜段点缀，最后滴入香油即可。要注意，蒸锅内要

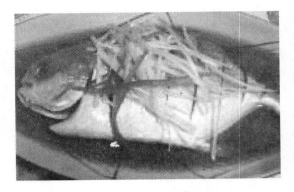

清蒸鲳鱼

先架竹筷，然后放鱼，这样蒸的时侯热气便于流通，可缩短加热时间，还能使整条鱼受热均匀；蒸的时间不宜过长，以免鲜味丢失，肉刺也不易分离。李渔在《闲情偶寄》中说过："鱼之至味在鲜，而鲜之至味又在初熟离釜之片刻。"鲳鱼清淡典雅而香味扑鼻，但一定要趁热吃，否则鲜味就会跑掉，腥味就会出来了。

鲳鱼粥

晚唐五代记载岭南地区物产风物的《岭表录异》中说："鲳鱼……肉白如凝脂，止有一脊骨。治以姜葱、粳米，其骨自软。"所以，鲳鱼煮粥甚佳。将鲳鱼洗净放入沙锅煮熟，去骨，切碎，再与淘洗干净的粳米放入沙锅，加入生姜、葱、猪油、精盐，酌加适量的水，先用武火煮沸，然后改用文火煮熬成粥。早晚温热服用鲳鱼粥能益胃健脾，对脾胃虚弱者尤为适宜。沿海人喜食海味，南方人喜食大米，东南沿海的人喜欢把两者结合起来。除了鲳鱼粥之外，浙江台州人还喜欢把鲳鱼跟年糕一起烧，烧好后海味渗透到原本淡而无味的年糕里。

2. 海中"刀客"——鲅鱼

在山东青岛，有这样一个习俗，女婿要送给岳父两条鲅鱼，所以如

果生个女儿，就会有很多人开玩笑说："生一个闺女，得两条鲅鱼。"鲅鱼，也叫马鲛。因为"鲅"跟"霸"同音，所以它的名字听上去很霸气。事实也是如此，鲅鱼性情凶悍，牙齿锋利，捕食时好似猎豹，而且体型巨大，大连自然博物馆中有一条"鲅鱼王"标本重130多千克，长约2.64米。在胶东半岛，

鲅鱼

鲅鱼曾是渔民一年中下海捕捞到的头一批收获物，故而有"第一鱼"的名声。因为肉多实惠，渔民享受了口福之后称它为"满口货"。鲅鱼营养丰富，除了能补气、平咳，还有提神和防衰老等食疗作用，很受人们欢迎，尤其是在大连、青岛、威海等北方沿海城市，有"山有鹧鸪獐，海里马鲛鲳"的赞誉。每年5月中旬到6月上旬，新鲜晶亮的大鲅鱼一上市，家家户户的餐桌顿时多了这道鱼肴，人们都以吃上鲜美的鲅鱼为快。

就像韭菜一年四季生，"春韭香，夏韭臭"，吃鲅鱼也有四季之分。春鲅最鲜美；夏天的鲅鱼肉质懈怠，口感会差很多。青岛人讲究吃春鲅鱼，每到春汛，大量新鲜鲅鱼上市，家家户户都会买回来，清炖，红烧，汆丸子，包饺子，只要是新鲜的，怎么做都好吃。

香煎鲅鱼

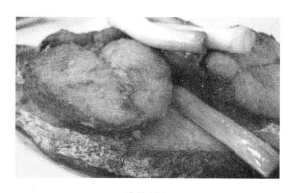

香煎鲅鱼

香煎鲅鱼这道菜本是青岛崂山一带农家的传统菜品。光吃鱼不行，必须是鱼和裹在上面的蛋面一起吃，那才叫有滋有味。鲅鱼洗净剖开，用盐腌至鱼肉入味；鸡蛋打散加淀粉拌匀成糊；将鲅鱼放入蛋糊中裹上一层，

入热油锅煎至两面金黄色；将煎好的鱼装盆，撒上红椒丝即可食用。香煎鲅鱼可以直接吃，也可以蘸山东人喜欢的甜辣酱吃。

鲅鱼水饺

鲅鱼饺子是胶东的特色面食，地道的胶东人，会趁每年春鲅鱼新鲜上市的时候，包一顿鲜美无比的鲅鱼饺子。做这道鲅鱼水饺也是如此，关键在于鱼馅，只需将鲅鱼白白嫩嫩的鱼肉用刀切细，加上适量韭菜和葱花

鲅鱼水饺

就行了。这种饺子具有浓郁的渔家风味特色，绝对不同于你以往所吃的饺子。

啤酒烧鲅鱼

啤酒搭配鲅鱼，是极具海滨特色的一道菜。啤酒可以去除鲅鱼的腥味，而且不用担心吃醉，因为温度超过 70℃，酒精就全部挥发了，只留下啤酒香。将适量啤酒倒入锅中代替水来煮鱼，成菜后于鲜之外，还会有淡淡的啤酒苦味儿，有苦有甜，正是人生的真味。

3. 餐桌常客——黄花鱼

据说旧时五月黄花鱼上市时，即使是贩夫走卒、贫困人家，也要称点儿来尝尝，或熏或炸，到处可见。每值庭花绽蕊、柳眼舒青的明媚时节，大青蒜头伴食自家厨房做的黄花鱼，也是人生的一种乐趣。

黄花鱼，简称黄鱼，又名石首鱼。对于它，李时珍有过一段简洁生动的描述："生东海中，形如白鱼，扁身，弱骨，细鳞，黄色如金，头中有白石两枚，莹洁如玉，故名石首鱼。"黄花鱼分大黄鱼和小黄鱼两种，饭馆所用的以大黄鱼为多，其肉如蒜瓣，脆嫩无比，一向受人们欢迎，

被称为咸水鱼之王。据《本草纲目》记载，黄花鱼"开胃益气。晾干称为白鲞，炙食能治暴下痢，及卒腹胀不消，鲜者不及"，一个"鲜者不及"足以表明赞叹之情。不仅如此，黄花鱼还含有丰富的蛋白质、微量元素和维生素，可以补肾健脑，而且肉质肥厚，易于消化吸收，对人体有很好的补益作用。古

黄花鱼

时人们喜爱把它和莼菜作羹，《初学记》称之为"金羹玉饭"。

　　经过几千年的积累，对于黄花鱼的做法可谓极尽想象力，但万变不离其宗，重要的是鱼的"鲜"。李渔曾在《闲情偶记》中说道："食鲜者首重在鲜，次则及肥，肥而且鲜，鱼之能事毕矣。"

黄花鱼水饺

　　好吃不过饺子，黄花鱼遭遇饺子，化作了食客们的心头之爱——鱼水饺。选取不超过10厘米的野生小黄花鱼，去皮，去刺，打成肉泥，加上葱姜水和剁碎的五花肉，这样才能制成软嫩鲜香的鱼肉馅。黄花鱼水饺，面皮劲道，鱼馅鲜嫩，再搭配一盘采用渔家做法焖制的小嘴鱼，足矣。

绣球全鱼

绣球全鱼

这是由黄花鱼、猪肥肉膘等制作而成的一道菜肴。将黄花鱼剔去鱼肉，鱼骨架及鱼头保持原形，将鱼肉与香菇、冬笋、火腿、肥肉膘和馅捏成丸子，摆放于鱼骨架上，再勾芡淋于丸子之上

即成。成菜造型美观，五彩缤纷，口味鲜美，营养丰富，而且绣球是喜庆、幸福的象征，为此菜增添了"吉祥如意"的含义。

4. 大吉大利——加吉鱼

加吉鱼，又叫真鲷、铜盆鱼，分红加吉和黑加吉两种，其中红加吉尤为名贵。加吉鱼自古就是鱼中珍品，民间常用来款待贵客；在我国

加吉鱼

胶东沿海都有出产，以蓬莱海湾的品质最佳。每年初春，香椿树上的叶芽长至一寸长时便是捕获加吉鱼的黄金季节，有"香椿咕嘟嘴儿，加吉就离水儿"的民谚。清朝学者郝懿行在《记海错》中有云："登莱海中有鱼，厥体丰硕，鳞鬐赦紫，尾尽赤色，啖之肥美，其头骨及目多肪腴，有佳味。"加吉鱼肉质坚实细腻、白嫩肥美、鲜味纯正，尤适于食欲不振、消化不良、气血虚弱者食用。加吉鱼最鲜美的部位是它的头部，含有大量脂肪且胶质丰富，熬出来的鱼汤汁浓味美，还可以解酒。在胶东沿海，渔船出海有一个规矩，若捕上一条加吉鱼，鱼头自然是要留给船老大的。若在饭馆里点上一条加吉鱼，行家必不动鱼头，先吃鱼肉，以示对客人的尊重。

加吉鱼香椿芽

老辈人有句俗话："香椿芽和加吉鱼一块炖，吃了这顿还想吃下一顿。"收拾加吉鱼的时候，鱼腹通常是不剖开的，而是把内脏从鱼嘴处摘除，鱼腹内保留鱼籽和鱼鳔。鱼籽结实饱满而鱼鳔空虚，若直接烹制就端上桌，显得对客人失礼。厨师使出妙招，把剁好的瘦猪肉馅和切好的香椿芽塞进鱼鳔内。对此，民间有"椿芽一寸，加吉一溢"之说。用香椿芽来烹制加吉鱼，两鲜合一鲜，越吃越觉鲜。香椿树在胶东民间被视为受过皇封的树王，加吉鱼又含吉祥之意，因此这道菜承载着

人们祈盼富贵、吉祥的美好愿望。

清蒸加吉鱼

　　"清蒸加吉鱼"是鲁菜中必不可少的一道佳肴,也是蓬莱"八仙宴"中必不可少的一道名菜。 清蒸可以最大限度地保持加吉鱼的原汁原味,这也是烹调海鲜的真谛。越鲜的东西做法越简单,将加吉鱼身两面改斜刀,然后将调料拌匀后撒在鱼身上,入锅旺火蒸约20分钟,掀开锅盖,满屋即可闻到浓浓的鲜香味。再加上鱼皮殷红,鱼肉嫩白,色、香、味样样精到,足以使人久食不腻。

四、身披铠甲的经典海鲜——虾蟹

　　民间素有"虾蟹上桌,可顶百味"的说法。这两种带着铠甲的动物,它们高贵堪比参鲍,口感不让贝类,鲜美不输鱼类。从市井小吃到饕餮宴席,从寻常百姓到美食大家,无不对之津津乐道,爱不释口。虾蟹虽仅用一词统称,但旗下可谓大有千秋,正所谓"巧手烹得天下味,方寸之地展乾坤"。通体火红的龙虾,在坚硬的外壳之下是柔嫩的人间美味,大者两只大钳就够你吃一顿,小者可以一盘接着一盘下肚而浑然不觉。"秋风响,蟹脚痒",金秋时节,螃蟹黄满,肉嫩味美,正是吃蟹好时节! "右手执酒杯,左手持蟹螯,拍浮酒船中,便足了一生矣",古人的这种悠然自得,羡煞今人也。

1. 海中"甘草"——虾

　　海虾,是口味鲜美、营养丰富的海味,可制作多种佳肴,有菜中之"甘草"的美称。我们常说的海虾主要有龙虾、对虾、白虾等。海虾与河虾营养价值不相上下,但由于肉的韧性好,吃起来有嚼头,所以口感比河虾要好一些。下面选取大家最为熟悉

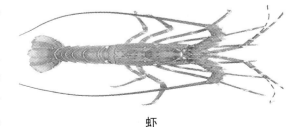

虾

的两种虾作简要介绍。

龙虾——虾类中的老大哥，色彩鲜艳，肌肉纤维比较粗糙，不像其他虾那么鲜嫩。据说，龙虾的原产地之一是美国，学名是"克氏螯虾"，后传到日本，又随着日本的进口木材到了中国，中国人根据虾的外形似龙而把它叫做"龙虾"。

大龙虾是名贵的食品，其肉滑脆，鲜腴可口，是亚洲地区传统的高级海鲜。目前市场上龙虾的价格比较昂贵，主要因为它们大部分是从澳大利亚进口。澳大利亚龙虾通体火红色，爪为金黄色，体大肥美。

对虾——"渤海海中有虾，长尺许，大如小儿臂，渔者网得之，两两而合，日干或腌渍，货之谓对虾"（郝懿行《记海错》）。对虾因古时常成对出售，故而得名。又因其通体透明，如冰雕玉刻，故又叫做明虾。中国对虾是世界三大名虾之一，以其肉厚、味鲜、色美、营养丰富而驰名。

红烧大对虾

红烧大对虾是鲁菜中脍炙人口的名菜佳肴，其色泽之美、口味之佳，久为人们所称道。大虾的红烧与红烧肉不同，既要入味，却又不能抢了海

红烧大对虾

鲜本来的鲜味。因为虾本身就有鲜味，所以一般不需要用太多的辅料。经过油爆后的大虾，吸收了蒜的香味，加之生抽激味，虾身弹滑，口感之鲜、味道之香、颜色之美瞬间就能使人倾倒。食毕虾肉后，将虾汁拌饭，一盘虾连肉带汤，转眼间就能"消灭殆尽"。

大虾炒白菜

大虾一定要选用新鲜的春对虾，因为只有新鲜的春对虾才能炒出虾脑，它是这道菜的精华。其次，白菜要用手撕而不要用刀切，只留鲜嫩的菜叶。将对虾两只平放在案板上，从脊背处入刀，将虾背剖开，挑出沙线，切成几段；热锅加油，油热后加入葱花煸出香味，然后放入大

虾煎至微红,用铲子或勺子轻按虾头,将虾脑挤出,然后放入白菜大火翻炒几下,加盐调味即可。大虾红中透白,白菜白中带红,那颜色纯正极了。吃一口,虾脑香嫩,虾肉香中带甜,白菜甜中带香。

虾饺

虾饺是广东十大名点之一,一个只有你手掌1/4大小的虾饺表面镶嵌着16道"花纹",如雕刻艺术品。一侧小肚子凸起,另一侧往里头陷,似一弯月牙,小巧精致,完全体现了广东人的审美观与口感。要选购一斤有30多只的小海虾,跟

虾　饺

中指一般大小,太大了,包进面皮中还要剪成若干段,免得加热后"蹦"起插穿薄皮。买回来的虾要用盐腌制,以使虾肉更加爽口弹牙有味道。煮熟后,虾饺皮薄而半透明,皮内虾身隐约可见。

2. 肉美膏肥——螃蟹

螃蟹的种类很多,在中国就有600种左右,通常食用的海蟹有花蟹、梭子蟹和青蟹三种。吴歌中有"秋风起,蟹脚痒;菊花开,闻蟹来"的描述。秋风送爽时,蟹肥菊香,正是品尝螃蟹的最佳季节。用餐时螃蟹通常是作为最后一道菜端上来,以免先吃了蟹后其他菜品会食之无味,有"螃蟹上席百味淡"之说,盛言其美。

花蟹——因为壳上有美丽的彩色花纹,故名花蟹。蟹壳上面有离奇图案,蟹盖两面尖形,螯大布满蓝点,跟海水的颜色一样。双螯的边缘呈殷红色,煮熟时两螯红得很美丽。美中不足的是花蟹的膏黄很少,螯也较瘦瘪。

梭子蟹——蟹盖两边各有一个尖角,好像中国旧式织布机上的梭

子,所以称为梭子蟹。它种类很多,有名的像三疣梭子蟹、三星梭子蟹和远游梭子蟹等,是我国产量最大的海蟹,也是我国沿海地区的大众食品。为能够常年食用,民间将梭子蟹用生盐渍制,做成咸梭子蟹,是佐饭极品。

青蟹——产于咸淡水交界处,在宝安、番禺、中山以及岭东潮汕一带都有出产。这种螃蟹不但肉质极其鲜美,打开蟹壳,可见一层蛋黄色的"顶角膏"覆盖在雪白的蟹肉上。雌的叫做膏蟹,膏黄特别丰满;雄的是肉蟹,两螯特别肥大,入口鲜美嫩滑,回味无穷,真可谓"执杯持蟹螯,足了一生事"。

痴迷于吃螃蟹的李渔曾说过:"螃蟹终身一日皆不能忘之,至其可嗜、可甘与不可忘之故,则绝口不能形容之。"虽形容不出,但可以自己去品味。下面就介绍几种有代表性的螃蟹烹调方法。

清蒸螃蟹

蟹有多种吃法,但公认最鲜美的烹调方法就是清蒸,正如袁枚在《随园食单》所说"蟹宜独食,不宜搭配他物"。清蒸是备受老饕们推崇的食蟹方法。挑选个大、肢体全、活力强的大蟹,放在清水里洗净,用绳或草把它的两个夹子和八

清蒸螃蟹

条腿扎紧成团状,入锅隔水蒸熟。吃蟹有很多讲究,蟹胃、蟹心、蟹腮等是不能吃的。而且要把最好的留在最后,吃的顺序依次是蟹腿、蟹钳、蟹黄、蟹肉。吃蟹时醋和姜是不可缺少的两样佐料,醋是提味,姜是祛寒,可谓相得益彰。

醉蟹

醉蟹的烹调技巧以腌制为主，口味属于咸鲜。这种技法的创制本是不得已而为之，因为螃蟹上市就在 9～10 月份，爱蟹之人不能忍受没有蟹相伴的日子，于是就想出了保存螃蟹的办法，那就是把螃蟹泡在酒缸里制成醉蟹，可以久存不坏，待到嘴馋时取食。此时的螃蟹虽然不再鲜活，但是有了美酒的醇香，另有一番滋味在心头，人称"不见庐山空负目，不食醉蟹空负腹"。

五、大海里的养生蔬菜——海藻

品尝食物，亦如品尝人生。海藻食物初看之清淡平常，细品之却有滋有味，那是人生浮华阅尽之后归于平淡的真味。"生日汤"中的海带是母亲的味道，母亲知道我们腹中的饥饱，心中的冷暖；冰凉甘甜的石花菜凉粉是童年的味道，穿过幽暗曲折的记忆直抵我们内心最柔软的地方；紫菜是知足的味道，潮汕渔民在木炭炉边围坐烤食，"哗"一下着火了，便赶紧用手拍灭，那种快乐满足如今已难以寻觅……

美食的功能，并非只是对于胃之空虚的填充、对于容颜之美的滋补，更重要的是能够借之辅之，怡情悦性，参悟人生。一碗海凉粉，一钵海带汤，一张紫菜，亦可品出不同于常人的心性来。

1. 长寿海菜——紫菜

著名的《自然》杂志上有文章称，科学家最新研究发现，只有日本人才能消化包寿司的紫菜并获取能量，而北美人就没有这种能力，或者说，日本人的胃天生就是为寿司而生的！因为很久很久以前，紫菜就成了日本人饮食的一部分，那时没有无菌消毒，于是人们吃紫菜时不可避免地吃进了紫菜上的海洋微生物，肠道从此也就携带了能分解海藻的遗传基因，并具备了消化紫菜获取能量的能力。紫菜也叫做索菜、子菜、甘紫菜、海苔，是一种营养丰富的食用海藻。由于它干燥后呈紫色，再加上可以入菜，因而得名"紫菜"。日本、韩国把紫菜叫做

"海苔"。 紫菜营养丰富,尤其是含碘量很高,1 000 多年前就上了人们的餐桌,到现代它还是人们预防高血压、癌症、糖尿病等的健康食品,被誉为"神仙菜"、"长寿菜"、"维生素宝库"。我们在超市常见的那种质地脆嫩、入口即化的美味海苔就是将紫菜烤熟再添加调料做成的。紫菜的种类很多,常见的有坛紫菜、条斑紫菜和圆紫菜三种。紫菜的消费大国都在亚洲,日、韩两个国家的很多人都将紫菜当成生活中不可缺少的食品,如我们最熟悉的日本的紫菜寿司和韩国的紫菜包饭。

紫菜做法简单,通常用来制作寿司、包饭或做成即食的汤,而简单方便正是人们喜爱紫菜的一个重要原因。

紫菜包饭

紫菜是韩国人餐桌上必不可少的美味之一,紫菜包饭更是百吃不厌,它的做法近似于日本的寿司,却是属于韩国的特色美食。 紫菜包饭的饭很重要,是用大米、小米、糯米三种掺杂而成,又软又糯,里面除了通常的黄瓜、蟹柳、鸡蛋等,还可加

紫菜包饭

进一小截腌白萝卜,使得味道清淡之外还有酸甜,很能刺激食欲。

除了包饭之外,韩国人还爱用紫菜拌饭,用传统的泡菜和紫菜加上炒熟的小鱼拌上米饭,味道鲜美;把紫菜用辣椒酱或者大酱腌制,吃起来香辣可口;紫菜加上大葱、蒜末和凤尾鱼煮成汤……总之在韩国,紫菜有千百种吃法。 可以说,除了泡菜之外,紫菜是韩国人最爱吃的一种食品了。

紫菜虾皮汤

紫菜的碘含量丰富,几乎是普通蔬菜的 100 倍;虾皮含钙丰富,两

者搭配相得益彰,补碘又补钙,对缺铁性贫血、骨质疏松症有一定效果。紫菜除含有钙、磷、铁、碘和多种维生素外,还有柔软的粗纤维,用其做菜汤,不但味道鲜美,还能起到很好的润肠作用。做紫菜汤,除了虾皮之外,还有两种跟紫菜称得上是绝配的海产品:鱼丸和牡蛎,当然,紫菜在其中扮演了借味的角色。

炭烤紫菜

过去潮汕人在原生的状态下吃紫菜,是直接用木炭炉将紫菜烤一烤,再拍一拍,去除其中夹杂的沙石。有时太贴近火炉,紫菜就"哗"一下着火了,便赶紧用手拍灭。原先硬韧难嚼的紫菜,经过温柔的烘烤,变成了入口即化、容易被人体消化吸收的美食,紫菜特有的香味也出来了。有趣的是紫菜经过烘烤,不但没有变得更加乌黑难看,反而会由原先的黑褐色变成生机勃勃的深绿色。

2. 海中"碘库"——海带

海带,又名昆布、江白菜,是褐藻的一种,形状像带子,故名。海带同紫菜一样,也是一种普遍的海洋蔬菜,因含有大量的碘质,有"碱性食物之冠"的称号。在油腻的食物中搭配海带,不仅可减少脂肪在体内的积存,还能增加人体对钙的吸收。海带干制后,所含的植物碱经风化会在表面自然形成一层白霜,不要误以为是霉变。其实,这种白霜不但无毒,还有利尿消肿的作用。

营养学家认为,海带中所含的热量较低、胶质和矿物质较高,易消化吸收,抗老化,吃后不用担心发胖,是理想的健康食品。日本人自古以来爱吃海带,将它誉为"长寿菜"。据联合国卫生组织统计,日本妇女几乎不患乳腺癌,主要原因是食海带多。

海带豆腐汤

在日本,豆腐配海带被认为是长生不老的妙药。据营养专家介绍,豆腐富含皂角苷成分,能促进脂肪分解,阻止动脉硬化,但是皂角苷会造成人体碘的缺乏。海带含碘，但过多食用也会使甲状腺肿大。海带与豆腐二者同食，可使体内碘元素处于平衡状态，互补不足，可谓绝配。海带豆腐汤不但食材便宜、简单易做，而且营养丰富，是一道很好的家常菜。

海带豆腐汤

海带排骨汤

很多爱美的女性常会面临这样一个两难：想喝香喷喷的排骨汤又怕影响身材，有这道海带排骨汤就不用担心了。因为海带能很好地去除排骨的油腻，减少脂肪的吸收，在人体肠道中好比是"清道夫"。而且，海带富含的碘和钾对身体热量的消耗和新陈代谢有很大帮助，可消除水肿，达到减轻体重改善体型的目的，非常适合想吃肉又怕胖的女士食用。另外，海带中的碘还是体内合成甲状腺素的主要原料，常食可令秀发润泽乌黑。

凉拌海带丝

凉拌海带丝

凉拌海带丝是以海带为主要食材的凉拌家常菜。将海带洗净切丝焯水，放入辣椒油、蒜泥、葱末、芝麻、盐、香油、花椒粉拌匀就可以了。这道菜口味咸鲜微辣，常作为主菜前的开胃小菜。